水産学シリーズ

8

稚魚の摂餌と発育

日本水産学会編

1975 4

恒星社厚生閣

まえがき

魚類の増養殖の推進に当って，種苗の大量生産の方法の確立が目下の急務とされ，基礎および応用の両面から多くの研究が進められている．種苗生産の第一の課題ともいうべき親魚の確保と採卵に関する研究は順調に発展しつつあり，昭和49年の春には，シンポジウムにもとり上げられ，その成果は『魚類の成熟と産卵―その基礎と応用』と題して，本シリーズ第6号にまとめられた．

採卵に続く課題とも考えられる仔魚の育成に関しても，関係者の努力の結果，技術面での進歩には目を見張らせるものがある．しかし基礎研究は初期減耗の例をみてもわかるように，19世紀の末期から問題にされながら，いまなおほとんど進んでいない．初期減耗に深い関係があるといわれる初期餌料の問題も，仔稚魚自身の摂食・消化・代謝の実態がつかめないかぎり解決は不可能と思われる．仔稚魚の体内で何が起こり，何を要求しているのかを探ることの重要性は各方面から指摘されている．

このような背景のもとに，日本水産学会は種苗の大量生産になお問題をかかえている海産魚を中心に，ふ化直後の仔魚から幼魚にいたるまでの過程における摂餌と発育に関する基礎的な知見と，種苗の育成に関する技術的な諸問題を総括して討議する目的で，昭和49年11月22日「稚魚の摂餌と発育」と題するシンポジウムを開催した．仔稚魚の生理学的な基礎知見が乏しいため，討議の不十分な部分もあったが，将来，この分野の研究が一層発展することを願って，ここにその記録をとりまとめた．本書が，種苗生産のみならず，魚類資源の再生産機構解明のための資料としても，関係各位の参考となれば幸いである．

岩井　保（京都大学農学部）
塚原　博（九州大学農学部）

稚魚の摂餌と発育　目次

まえがき ……………………………………………………(岩井保・塚原博)

I. 稚魚の消化系

1. 消化器官 ……………………………………………(田中　克)……… 7

§1. 仔稚魚の消化系諸器官の発達過程(7)　§2. 仔稚魚の消化吸収機能の特殊性(13)　§3. 仔稚魚の摂食様式の発達(17)　§4. 発育段階の移行と消化系の発達(18)

〔付議〕 仔魚期の消化器官研究の意義
……………………………………(安永義暢)………24

§1. 消化器官研究の必要性(24)　§2. 摂餌開始期の消化吸収機能(25)　§3. 稚魚への移行期における消化吸収(28)

2. 消化酵素 ……………………………………………(川合真一郎)………30

§1. 実験方法(30)　§2. ニジマス仔稚魚の消化酵素(31)　§3. ニジマス稚魚の消化酵素活性におよぼす飼料組成の影響(32)　§4. コイ仔稚魚の消化酵素活性(34)　§5. アユの仔魚から稚魚への移行期における消化酵素活性(35)　§6. クロダイ仔稚魚の消化酵素活性(37)

〔付議〕 クルマエビ稚仔の消化酵素
……………………………………………(黒木　暘)………41

II. 飼育条件と発育

3. 環境条件 ………………………………………………(倉田　博)………45

§1. 適環境(45)　§2. 形質変異(47)　§3. Critical period(51)　§4. 共食い(52)

〔付議〕 飼育環境の管理 ………………………(千葉健治)………57

4. 餌　　料 ……………………………………（伏見　徹）………67

§1. 餌料の種類と使用現状（67）　§2. 生物餌料の必要量（78）

〔付議〕 餌料系列 ……………………………（高見東洋）………84

Ⅲ. 種苗の大量生産

5. 種苗生産の対象魚 ………………………（原田輝雄）………90

§1. 人工種苗生産の可能な魚類（90）　§2. 種苗生産用餌料（91）　§3. 飼育環境（92）　§4. 養殖用種苗（93）　§5. 放流用種苗（94）　§6. 今後の課題（95）

〔付議〕 種苗生産対象魚 ……………………（古沢　徹）………98

6. 稚魚の大量飼育 …………………………（藤田矢郎）…… 100

§1. 採卵と親魚（100）　§2. ふ化（101）　§3. 飼育（101）　§4. 餌料の培養，または採集（109）　§5. 2，3の特殊な問題（110）

〔付議〕 海産稚魚の大量飼育 ………………（茂野邦彦）…… 114

質　疑 ………………………………………………………… 118

総合討論 ……………………………………………………… 121

I．稚魚の消化系

1. 消化器官

田 中 克*

魚類は一般に多産性であり，生活史の初期は卵期・仔魚前期・仔魚後期・稚魚期の4つの基本的発育段階を経過することが知られている[1~2]．このような再生産様式の特殊性を反映して，仔稚魚は形態的にも，生態的にもそしておそらくは生理的にも成魚とは異なる多くの特殊性を有しているものと思われ，それらの知見の欠如は全生活環を動的に把握する上で最も大きな障害になっているように思われる．

仔稚魚の摂餌や発育についてはニシン・マイワシ・カレイ等で興味深い実験的検討が加えられており[3]，わが国では種苗生産技術開発の過程で多くの知見が集積されつつある．しかし，摂餌の主体である仔稚魚自身の器官形成の過程や生理的レベル等に関する知見は乏しく，摂餌や発育あるいは生残や生長についての本質的理解を困難にしているようである．

筆者はこれまで主として沿岸性の魚類について仔稚魚期における消化系の発達過程に検討を加えてきた．ここでは仔稚魚の消化系の発達過程にみられる段階性に焦点を合わせることにより，消化系諸器官の構造や機能の特殊性を明らかにしたい．

§1 仔稚魚の消化系諸器官の発達過程

1·1 仔魚前期における消化系の発達

ふ化時における仔魚の消化系の分化程度は種により変異するが，基本的には二つのタイプに類別できる．第一はふ化時にすでに基本構造がほぼ確立してい

* 西海区水産研究所

る型であり，第二はふ化時には消化系諸器官はほとんど未分化な型である（図1·1）．前者にはアユ *Plecoglossus altivelis*, キンギョ *Carassius auratus*, サヨリ *Hemiramphus sajori*, ハゼ科 Gobiidae, クサフグ *Fugu niphobles*, クジメ *Agrammus agrammus* 等の付着卵より生まれる魚種が含まれ，後者にはカタクチイワシ *Engraulis japonica*, メナダ *Liza haematocheila*[4] ブリ *Seriola quinqueradiata*[5]，スズキ *Lateolabrax japonicus*, マダイ *Pagrus major*, クロダイ *Acanthopagrus schlegeli*, イシガレイ *Kareius bicoloratus*, ヒラメ *Paralichthys olivaceus*[6] 等の浮遊卵より生まれる魚種が含まれる．

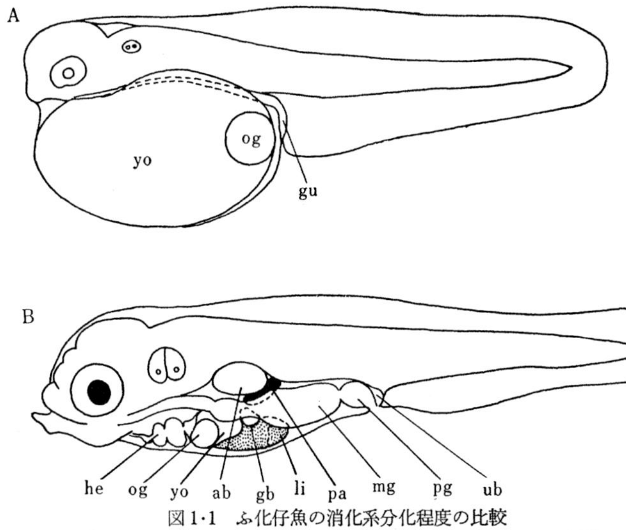

図1·1　ふ化仔魚の消化系分化程度の比較
A：クロダイ，B：シマハゼ　ab：鰾，gb：胆のう，gu：腸管，he：心臓，li：肝臓，mg：中腸（腸），og：油球，pa：膵臓，pg：後腸（直腸），ub：膀胱，yo：卵黄

付着卵は一般に卵黄密度が高く，卵内発生をできる限り進展させた段階でふ化することにより生残の可能性を高めるよう適応したものであり，一方浮遊卵は浮遊性を維持する[7] 必要上可能な限り早期にふ化するよう適応したものといえる．ふ化時点における消化系の分化状態の変異はこのような全く異なった種族維持の様式に起因するふ化時点のずれの反映と考えられる．

以上のようにふ化時点では消化系の発達程度はいちじるしく変異するが，仔魚前期の後半には消化系諸器官の分化は急速に進展し，仔魚後期への移行期には基本的な構造が確立する（図1･2，C・D・E）．すなわち，すべての魚種に両顎と肛門が開口し，消化管は口咽頭腔・食道・腸・直腸が分化するとともに

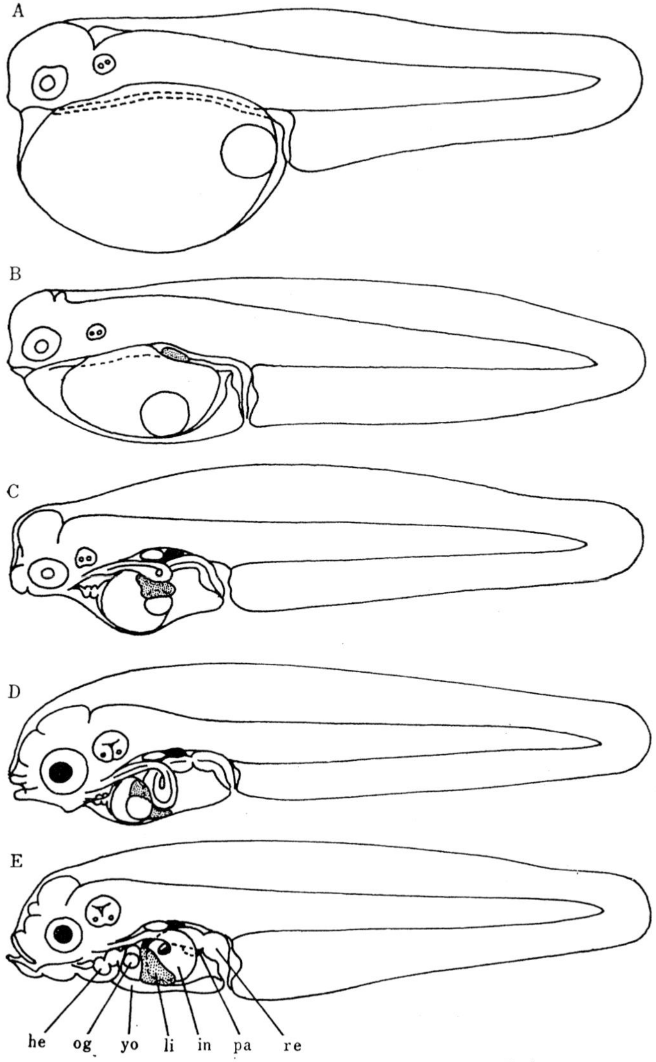

図1･2　クロダイの仔魚前期における消化系の発達
A：ふ化直後，B：ふ化後2日，C：ふ化後3日，D：ふ後化4日，E：ふ化後5日，
he：心臓，in：腸，li：肝臓，og：油球，pa：膵臓，re：直腸，yo：卵黄

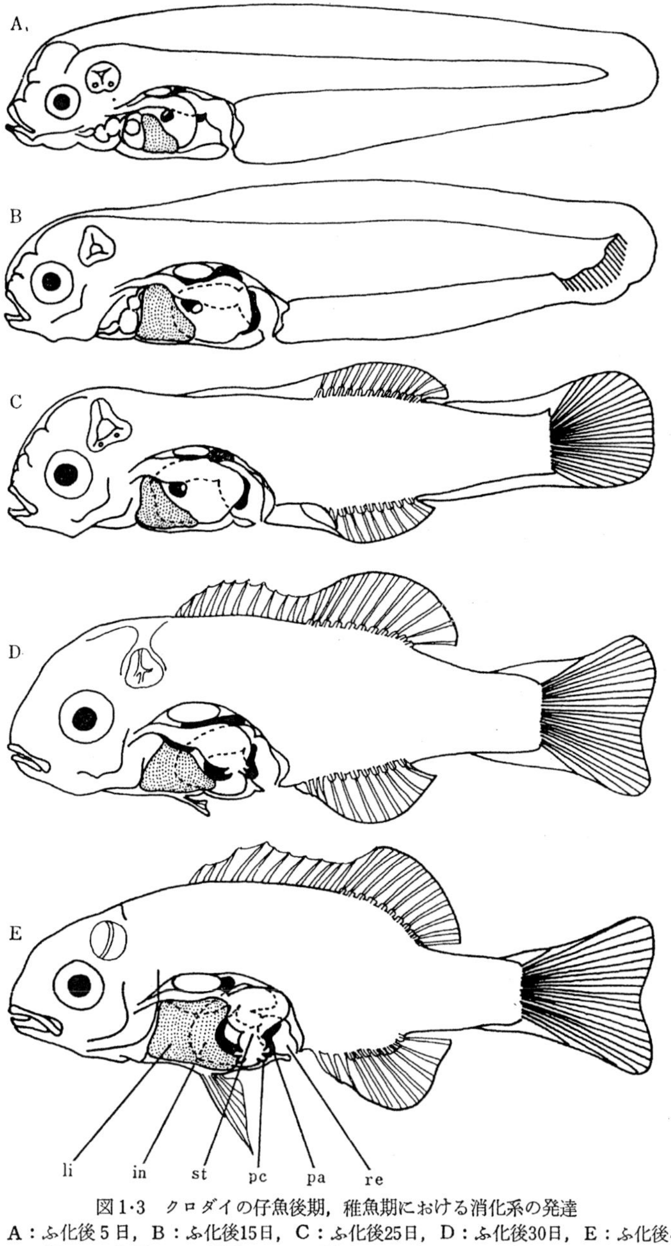

図1·3　クロダイの仔魚後期，稚魚期における消化系の発達
A：ふ化後5日，B：ふ化後15日，C：ふ化後25日，D：ふ化後30日，E：ふ化後40日，
in：腸，li：肝臓，pa：膵臓，pc：幽門垂，re：直腸，st：胃

肝臓・胆のう・膵臓が形成される．膵臓中には活発なチモーゲン顆粒の形成が始まり，腸や直腸の上皮細胞の遊離縁にはよく発達した条紋縁が分化し，アルカリ性フォスファターゼの活性が急速に高まる[8]．アユ，コイ *Cyprinus carpio*, クロダイ等ではこれらの諸器官の形成と対応してトリプシン様酵素やアミラーゼの活性が急上昇すると報告されており[9]，ヒラメではペプチダーゼの活性化が知られている[6]．有胃魚では仔魚前期の後半には食道と腸の間に前駆的な胃が分化するが胃壁は薄く，胃腺も未分化である．また，幽門垂もこの時点では全く分化していない．したがって，摂餌開始時の仔魚の消化系は成魚の消化系を最も単純化した基本型を示すものといえる．

1・2　仔魚後期における消化系の発達

仔魚後期には両顎歯，咽頭歯，味蕾，肝膵臓等が分化するが，消化系の基本構造に質的な変化は生じない（図1・3，A・B）．仔魚後期の消化系の発達は個々の器官を構成する細胞数の増加や細胞自身の成長等量的発展に重点がおかれているといえる．

ところが，背鰭・臀鰭・尾鰭等の鰭条が分化し始める仔魚後期の末期から，それらの鰭がほぼ完成する稚魚への移行期にかけて消化系には顕著な変化が生じる（図1・3，C・D）．前駆的な胃は伸張し始め（図1・4，B），その上皮層にはPAS陽性物質を内包した粘液細胞が密に分化し，筋肉層が肥厚するとともに上皮層下には胃腺が分化し始める．さらに各鰭がほぼ完成する稚魚への移行期にかけて胃腺は急速に数を増し，ペプシン様酵素の活性が急上昇し始める[9]．胃腺の分化から胃の機能化にいたる過程は浮遊生活期が30日前後の沿岸性の魚種では各鰭の鰭条の分化から定数化にいたる過程とよく対応し，通常1週間前後で経過すると思われる．

胃の機能化とともに腸最前部には腸壁の膨出により幽門垂が分化し始める（図1・3，D；図1・4，B）．幽門垂はその分化過程からも明らかなように構造的には腸と全く同質であり，上皮層の形態的特徴は吸収器官としての存在意義を示している．幽門垂が分化し始める時期の体長やふ化後の日数は種によりかなり変異するがほとんどの魚種で稚魚への移行時に分化し始めるのは興味深い．胃の機能化と幽門垂の分化は通常仔魚後期に直線的な消化管を有するアユ，スズキ，ブリ[5]等では腸管の回旋を伴う．ヒラメではこれらの諸変化が変態の進行と密接に対応して生じるようである[6]．これらの消化吸収をつかさどる器官の顕著な変化と呼応して摂食活動に関与する両顎歯や咽頭歯も急速に発達する．

以上のように仔魚の消化系は稚魚への移行を通じて構造的に急速な発展を遂げ，質的には成魚のレベルに達する．

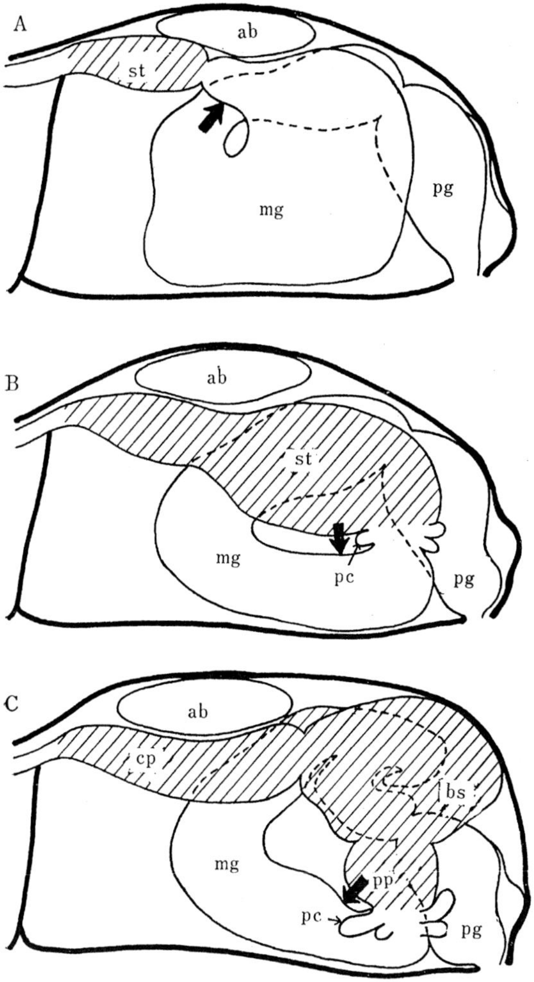

図 1·4　クロダイ仔稚魚の胃と幽門垂の発達過程
A：後期仔魚（ふ化後10日），B：稚魚（ふ化後30日），C：稚魚（ふ化後40日）
ab：鰾，bs：胃盲のう，cp：噴門部，mg：腸，pc：幽門垂，pg：直腸，pp：幽門部，st：胃（矢印は輸胆管開口部を示す）

1·3　稚魚期における消化系の発達

稚魚への移行にともない消化系は質的には成魚の基本型へと発展し，稚魚期に入ると主要諸器官の量的側面の充実がいちじるしく，胃・腸・幽門垂等が種に固有の型や数を示すようになる．アユ，スズキ，メナダ，ブリ，マダイ・クロダイ等の有胃魚では胃の後背部に盲のうが形成され，貯蔵能力が一段と増大するとともに噴門部，盲のう部，幽門部の三部位が確立し，固有の胃型を形成する（図1･4，C）．成魚と同様の固有の胃型はブリでは全長 26.5 mm の稚魚で[5]，マアジ *Trachurus japonicus* では全長 26.8mm の稚魚で観察されている[10]．幽門垂の分化様式は種により異なり，スズキのようにほぼ定数が最初から分化するタイプとアユ，ブリ等のように成長とともに数がしだいに増加し，また分枝するタイプとが認められる．幽門垂の数があまり多くない魚種では腸型が成魚と同様の形になる時期と対応して定数に達するようである．さらに，口腔や咽頭腔においては両顎歯と咽頭歯が増大するとともに味蕾や粘液細胞も増加し，鰓耙も機能的になる．このような消化系の完成（成魚の消化系の確立）は全般的に 20mm 前後であり，クロダイでは 15～18mm，スズキ 20～25mm，メナダ 25～30mm と報告されている．

以上のように稚魚期における消化系の発達には飛躍的変化は認められないが，各々の器官がしだいに成長し，種に固有の消化系へと基本的分化を完了するにいたる．

§ 2　仔稚魚の消化吸収機能の特殊性

2･1　たん白質の消化と吸収

前期仔魚から後期仔魚への移行期には腸管後部に括約筋が形成され，腸と直腸が分化する．直腸粘膜は腸粘膜とは異なり通常絨毛様突起を形成する[11]．摂餌開始後，これらの絨毛様突起の上半部にはエオシンに好染するたん白顆粒が出現する（図1･5，B）．これらの顆粒の周辺にはアルカリ性フォスファターゼ活性が認められ[8]，また電子顕微鏡観察ではコイやサヨリで活発な飲細胞運動 pinocytosis の存在が認められている[12,13]．これらの事実は仔魚後期にはたん白質はアミノ酸まで分解されずに高分子状態で直腸上皮にとり込まれることを示唆している．

仔魚から稚魚への移行にともない胃が機能化し，ペプシン様酵素の分泌が始まり，餌料生物は胃に貯えられ部分的に消化されて後腸へ送られることは既に述べた．このような変化にともない直腸上皮の好酸性顆粒は次第に不鮮明になる（図1•5，C）．これは胃の機能化に伴うペプシン様酵素の分泌によりたん白質の消化吸収機構に一大転換が生じたためと考えられる．出生直後の哺乳類の小腸では受動免疫による抗体の授与と関連して初乳中の抗体と結合したたん白質が飲細胞運動により摂取される[14,15]．魚類ではたん白の細胞内消化がより普遍的な栄養上の要求により行なわれ，しかも個体発生の初期に限定されているのは興味深い．ただし，無胃魚であるキンギョではは成魚においてもたん白質の飲細胞運動による摂取が認められており[16]，仔魚のたん白質の消化吸収機構を明らかにする上で無胃魚の消化吸収機構の解明が重要な手掛りを与えてくれるものと思われる．

魚類を含む脊椎動物ではたん白質は通常アミノ酸に分解後吸収される[15,17]．仔魚の膵臓中には摂餌開始時にすでにチモーゲン顆粒が準備され，コイやクロダイ仔魚ではこの時期にトリプシン様酵素の活性が急上昇することが認められている[9]．またヒラメ仔魚では摂餌開始期にあたるふ化後5日目にペプチダーゼ活性が陽性になることが組織化学的に確認されている[6]．また，腸上皮細胞の微細構造は摂餌開始時にすでに本質的には成魚と大差ないレベルに達していることも明らかにされている[18]．したがって，仔魚後期においても餌料中の消化されやすいたん白質は腸内腔でアミノ酸に分解され，遊離のアミノ酸とともに腸上皮に吸収されているものと考えられる．しかし，後にも述べるように腸上皮は脂肪の吸収と蓄積に重要な役割を果たすためアミノ酸の吸収にどの程度貢献しているかは今後の検討に待たねばならない．

2•2　脂肪の消化と吸収

後期仔魚の腸上皮は直腸上皮と異なり摂餌開始後多数の脂肪粒子で満たされる[19]．脂肪粒子の出現状態は魚種や水温等の環境諸条件により変異するが，活発に摂餌している仔魚では腸上皮のほぼ全域に出現する（図1•5，B）．成魚では肝臓中に脂肪が貯蔵されるが[17]，後期仔魚の肝臓中には脂肪は通常蓄積されず，心臓・腸静脈・肝静脈・背大動脈等の血管系の内部に検出される．これらの事実は仔魚後期においては肝臓は脂肪の代謝に関与せず，腸上皮が吸収のみならず，蓄積や代謝においても重要な役割を果たしていることを示唆している．

腸上皮における脂肪の蓄積過程は仔魚後期初期における成長の回復過程と密接に対応しており，摂餌のエネルギーを外界からとる必要に迫られる摂餌開始期の仔魚にとっては脂肪はとりわけ重要な栄養素といえる．甲殻類のノウプリウス幼生は脂肪の含有量が相対的に高く，消化性のみならず，栄養組成においても摂餌開始期の仔魚には好適といえる．腸上皮における脂肪の蓄積は後期仔魚期のほぼ全般を通じて認められるが，稚魚への移行とともに次第に不鮮明になる．一方，この時期には脂肪が腸壁や膵臓周辺に蓄積されるとともに肝臓中にも貯えられ（図1·5，C），脂肪の蓄積や代謝様式に変化が生じる．

仔魚期におけるリパーゼの分泌に関してはヒラメで組織化学的に検討が試みられているが[6]，詳細は不明である．脂肪の吸収蓄積が認められる仔魚後期の初期にはリパーゼの分泌中心と考えられる膵臓は機能化し，チモーゲン顆粒を内腔に分泌している．さらに，脂肪吸収時には腸上皮遊離縁に飲細胞運動は認められないため[13,20,21]，仔魚後期においても脂肪は成魚と同様に腸内腔で脂肪酸とグリセリンに分解後吸収されるのであろう．

2·3　炭水化物の消化と吸収

魚類を含め脊椎動物では最も重要な炭水化物はグルコースとその貯蔵型であるグリコーゲンといえる．仔魚前期には消化系諸器官にグリコーゲンはほとんど検出されないが（図1·5，A），キンギョ・クロダイ・クサフグ等の仔魚では摂餌開始とともにグリコーゲンが肝臓中に蓄積され始める[8]（図1·5，B）．キンギョでは摂餌１時間後にすでに肝臓中に検出され，またアユ仔稚魚では絶食とともに急速に減少する事実はこれらのグリコーゲンが餌料中の炭水化物起源であることを暗示している．

コイやクロダイでは摂餌開始期にアミラーゼ活性が急上昇することが知られており[9]，アユ仔魚でもその存在が確認されている[22]．したがって，餌料プランクトン自身の炭水化物や捕食された動物プランクトンの腸内で部分的に消化された炭水化物が仔魚の腸内腔で消化吸収された後，肝臓中でグリコーゲンに再合成されるのであろう．しかし，一般に動物プランクトン中の炭水化物含量は低く，乾燥重量では体重の 1～3 %に過ぎない[23~25]．ウナギ *Anguilla japonica* の絶食試験では飢餓の過程で肝臓中のグリコーゲンレベルが回復す

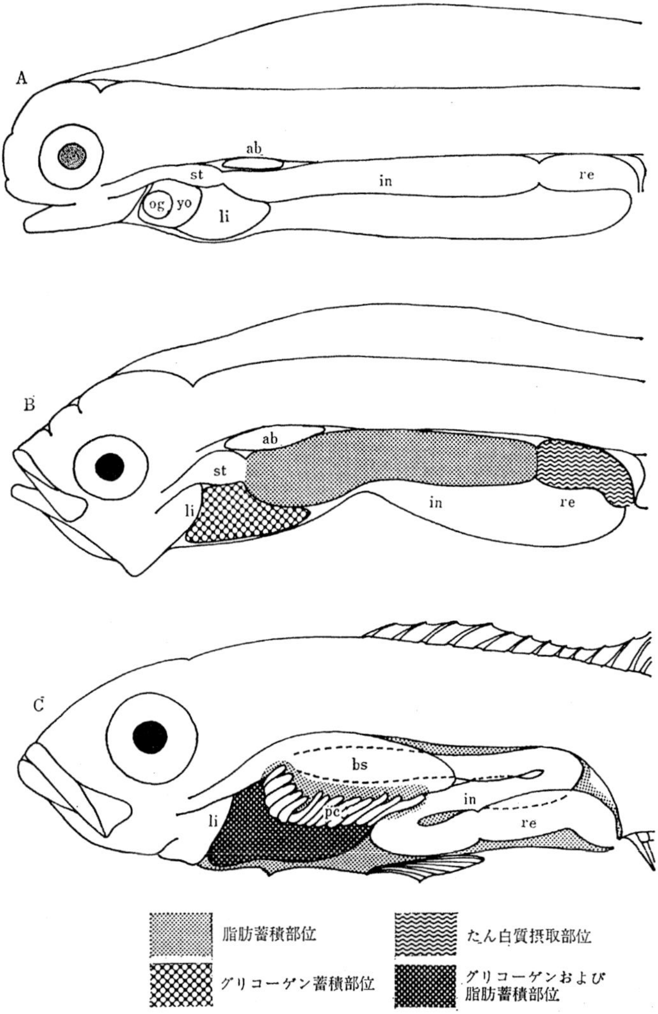

図 1·5　仔稚魚の栄養源の吸収・蓄積部位を示す模式図
A：前期仔魚，B：後期仔魚，C：稚魚
ab：鰾，bs：胃盲のう，li：肝臓，in：腸，og：油球，pc：幽門垂，re：直腸　st：胃，yo：卵黄

ることが認められているが[26,27]，アユ仔稚魚でも同様の現象が観察されている[8]．この事実は仔魚期において糖新生の機能が発現していることを意味し，仔魚の肝臓中のグリコーゲンのある部分は糖新生に由来することも考えられる．肝臓中のグリコーゲンの蓄積は正常な個体では稚魚への移行後も継続して認められる（図1•5，C）．

§3　仔稚魚の摂食様式の発達

3•1　仔魚の摂食様式

仔稚魚の摂餌についてはすでにすぐれた総説があるので[3,40]，ここでは摂餌や消化管内での餌料生物の輸送と消化系の構造との関連について二，三の検討を加えるにとどめる．摂餌開始時の仔魚，とりわけ浮遊卵より生まれる仔魚では通常味蕾・両顎歯・咽頭歯は未発達であり，鰓耙も未分化な状態にある．したがって，視覚的に捕食された餌料生物は口腔や咽頭腔では選択や機械的消化はほとんど受けずにすみやかに腸へ送り込まれる．直線的な腸管を有するアユ・キンギョ・サヨリ・スズキ・ハゼ科仔魚・イシガレイ等では餌料生物は腸と直腸の境界の直前部まで運ばれるのに対し，クロダイ・マダイ・カサゴ等のようにループ状の腸管を有する魚種では腸前部に貯えられる．アユやワカサギ *Hypomesus olidus* 仔魚では主として腸管の後半部に繊毛上皮細胞が存在し，それらが餌料物質の輸送に重要な役割を果たしていると報告されている[18,28,29]．しかし，一般には仔魚の腸や直腸上皮には繊毛の存在は認められない．餌料生物は腸内で蠕動運動や分節運動等により機械的消化を受け，脂肪等の遊離しやすい成分がまず吸収される．その後，餌料生物は直腸へ輸送され，主としてたん白質が飲細胞運動により摂取された後殻壁が排出される．

以上のように後期仔魚の摂食様式は視覚による主として大きさを基準とした選択と蠕動運動等による機械的消化に特徴づけられるであろう．

3•2　稚魚の摂食様式

稚魚への移行にともない口腔や咽頭腔の粘膜には味蕾や粘液細胞が増加し，両顎歯や咽頭歯も発達して機能化する．これらの傾向はマダイ・クロダイ・カサゴ等のように稚魚への移行とともに底生性や定着性の強い生活へと移行する魚種ではより顕著である．これらの魚種では稚魚への移行とともに両顎歯や咽頭歯が捕食に関与するようになり，同時に味蕾による食物の選別が生じるものと考えられる．捕食された餌料生物はさらに咽頭歯により部分的消化を受けた後，胃や腸へと移送されるのであろう．種苗生産の現場でしばしば観察される“共食い”現象の開始[30]は両顎歯等の発達による摂餌様式の転換期と対応していると考えられる．稚魚期に入ると通常鰓耙も発達してくるため，種によっては種々のプランクトンを沪過して利用し始めるであろう．

有胃魚では一般に稚魚への移行とともに胃が機能化することは先に述べたが，餌料プランクトンは腸へ移送される前に胃に貯蔵されるようになる．胃内では胃壁の運動による機械的消化に加え，胃腺より分泌されるペプシンによりたん白質等が化学的消化を受ける．成魚では一般に消化管内にはキチン分解細菌が生息し，また胃壁にはキチナーゼの存在が確認されている[31~33]．したがって，稚魚期になると胃内に貯えられた餌料プランクトンの殻壁は細菌起源や胃壁に由来するキチナーゼにより分解作用を受ける可能性が強い．スズキ稚魚の胃内容物の観察では幽門部の copepoda の殻壁は薄く軟化しており，この可能性を裏付けている．胃内で分解が進行した餌料生物の殻壁は腸内でさらに完全に分解され，その内容物は種々の酵素により化学的消化を受けるものと考えられる．稚魚期に入ると腸は相対的に伸張して固有の腸型に発展し，空間的にも餌料の利用効率をより高めるようになる．

以上のように仔稚魚の摂食様式は稚魚への移行とともに質的に変化し，捕食機構の高度化とともに殻壁の化学的消化が可能になり，餌料生物のより効率的な利用を可能にするものと考えられる．

§4　発育段階の移行と消化系の発達

4·1　消化系の発達過程にみられる段階性

これまで述べてきたように仔稚魚の消化系発達過程には二つの明瞭な飛躍期が認められる．第一は前期仔魚から後期仔魚への移行期であり，第二は後期仔魚から稚魚への移行期である．前者は内部栄養（卵黄・油球）から外部栄養（主として小型動物性プランクトン）への転換期であり，後者は大型の動物性プランクトンへの転換期であり，同時にベントス・付着生物等へと各々の種に応じて多様化が生じる時期といえる．このような栄養源の転換を可能にする基盤として，前者では摂餌開始に要求される最小限度の基本構造が確立し，後者では種の固有性の発現を伴った成魚様の構造が確立する（図1·6）．

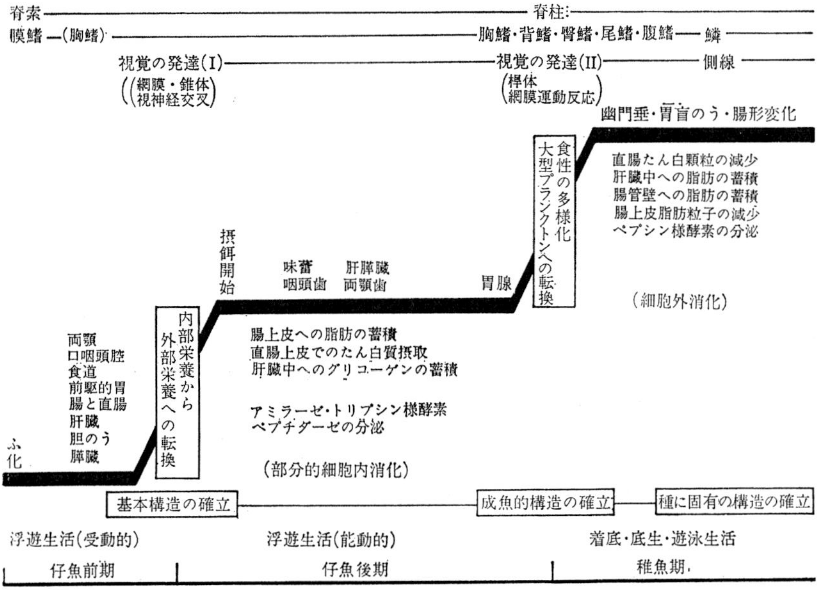

図 1·6　仔稚魚の消化系の段階的発達を示す模式図

魚類の発育初期に “critical period” が存在することが古くより論じられ[34]，種苗生産の過程においても餌料等の飼育条件によってはある時期に大量へい死が生じることが報告されている[35]．“critical period” とは本来生物側の原因により個体維持が危険にさらされる時期であり，個体の内部で急速に進行する新しい機能と古い機能の交代が環境にうまく適合しない場合に生じると考えられる．その意味では上述の二つの時期は環境条件によっては “critical period”

になるといえる．前者は好適な餌料条件がととのえば “critical period” が潜在化するのに対し，後者は仔魚後期の環境条件の累積的影響を受けるとともに栄養や生活場所など多様な環境条件を要求する時期と考えられ，とくに単純な飼育環境下ではより顕在化しやすいと考えられる．

4・2　後期仔魚から稚魚への移行に伴う消化系の発達

稚魚への移行に伴う消化系の構造や機能の変化は次のようである（図1・6）．

①胃が肥大伸張し，胃腺が分化して機能的となる．

②幽門垂が形成され始める．

③両顎歯・咽頭歯・味蕾が発達し，摂食様式が変化する．

④たん白質の消化吸収機構が細胞内消化から細胞外消化へと発展する．

⑤脂肪の腸上皮への蓄積が終止し，腸管壁に蓄積され始める．

⑥肝臓中に脂肪が蓄積され始め，肝臓機能が多様化する．

これらの諸変化は魚類の消化系の諸機能がこの時期に飛躍的に発展し，多様な餌料の大量捕食に適した捕食機構とより効率的な消化吸収機構が実現することを意味している．

この時期には通常側線や鱗が形成され始めるとともに脊柱・鰭・体側筋等の運動性に関与した器官がいちじるしく発達し，遊泳生活・底生生活・定着性生活等各々の種に固有な生活様式に適した体形に変化する．さらに，視覚の発達もいちじるしく，網膜には錐体の他に桿体が新たに分化するとともに網膜運動反応も開始して光に対する反応にも一大変化が生じる[36]．このように仔魚から稚魚への移行期には消化系のみならず，他の多くの諸器官にも変化が認められる．これらの総合的な変化は種の進化の歴史の過程で浮遊生活から着底生活や底生生活へと生活様式を変化させる必然性に迫られた結果，環境への適応として生じたのであろう．発育段階の移行と密接に対応した消化系の段階的発展はまさにこの個体発生の段階性に起因するといえる．

これまで筆者らの研究を中心に主として沿岸性魚類について消化系の一般的な発達過程について述べてきた．沿岸性の魚類は普通20～40日前後の浮遊生活期を経過した後，稚魚への移行とともに生活様式を変化させることが知られている[37]．それらの魚種では生活様式の変化に対応して消化系にも顕著な変化が生じる．しかし，外洋性の魚類，例えばヤベウキエソ *Vinciguerria nimbaria* では変態期（体長 13.5～15.3mm）に先がけて体長 8mm ですでに幽門垂が分化し始め[38]，またキウリエソ *Maurolicus muelleri* では背鰭の未分化な体長 6.6mm 前後の個体に幽門垂の発現をみる[39]．沿岸性魚類の中でも浮遊生活期が３～４ヶ月ときわめて長いクジメでは背鰭や臀鰭の未分化な全長11.0mmの仔魚ですでに胃腺の形成が開始する[8]．また，ニジマス *Salmo gairdnerii* では摂餌開始時には外部諸形態がほぼ完成するとともに，消化系の構造や機能も質的には成魚と同レベルに達している[8,9]．本種は厳しい産卵場の栄養条件への適応として仔魚後期に相当する発育期を内部栄養で経過する特殊な例といえる．これらの例は消化系の発達過程が発育初期の生活様式の多様性に応じてかなり変異することを意味している．それゆえ，今後は発育や成長に伴う各々の種の生活様式の変化との関連性の下にさらに厳密な消化系の構造や機能を明らかにしていくことが望まれる．

文　献

1) 内田恵太郎・道津喜衛：対馬暖流水域の表層に現われる魚卵・稚魚概説．対馬暖流開発調査報告書第２輯（卵・稚魚・プランクトン篇），3～65 (1958).

2) 渡部泰輔・服部茂昌：魚類の発育段階の形態的区分とそれらの生態的特徴．さかな，(**7**)，54～59 (1971).

3) J.H.S. Blaxter : Development : Eggs and larvae, in "Fish Physiolgy" (W.S. Hoar and D.J. Randall ed.), Vol. 3, 177～252, Academic Press, New York (1969).

4) 福所邦彦：メナダの消化系特に胃幽門部の器官形成，魚類学雑誌，**19**，283～294 (1972).

5) 楳田晋・落合明：仔稚魚期におけるブリの消化管の構造と機能の発達について．日水誌，**39**，923～930 (1973).

6) 安永義暢：ヒラメ稚仔消化器官の発達について．東海水研報，(**69**)，75～89 (1972).

7) J. E. Shelbourne : The effect of water conservation on the structure of marine fish embryos and larvae. *J. mar. Biol. Ass. U. K.*, 35, 275～286 (1956).

8) M. Tanaka : Studies on the structure and function of the digestive system of teleost larvae. Ph. D. Thesis, Dept. of Fisheries, Kyoto Univ.,

1〜134 (1973).

9) S. Kawai : Studies on the digestive enzymes of fishes with special references to carbohydrases. Ph. D. Thesis, Dept. of Fisheries, Kyoto Univ.,1〜44 (1972).

10) 小笹悦二：マアジ稚仔魚の摂餌生態－I 西海水研報, (**38**), 79〜86 (1970).

11) 田中克：仔魚の消化系の構造と機能に関する研究－V．後部腸管上皮層の変化と蛋白質の摂取．魚類学雑誌, **19**, 172〜180 (1972).

12) T. Iwai and M. Tanaka : The comparative study of the digestive tract of teleost larvae—Ⅲ. Epithelial cells in the posterior gut of halfbeak larvae. *Bull. Jap. Soc. Sci. Fish.*, **34**, 44〜48 (1968).

13) T. Iwai : Fine structure of gut epithelial cells of larval and juvenile carp during absorption of fat and protein. *Arch. Histol. Jap.*, **30**, 183〜199 (1969).

14) S. L. Clark, Jr : The ingestion of proteins and colloidal materials by columnar absorptive cells of the small intestine in suckling rats and mice. *J. Biophys. B iochem. Cytol.*, **5**, 41〜50 (1959).

15) G. Wiseman : Absorption from the intestine. 564 pp., Academic Press, London (1964).

16) T. Yamamoto : An electron microscope study of the columnar epithelial cells on the intestine of fresh water teleosts : goldfish (*Carassius auratus*) and rainbow trout (*Salmo irideus*). *Z. zellforsch.*, **72**, 66〜87(1966).

17) 尾崎久雄：消化の生理．魚類生理学講座 4. 493pp., 緑書房, 東京 (1972).

18) T. Iwai : The comparative study of the digestive tract of teleost larvae-I. Fine structure of the gut epithelium in larvae of Ayu. *Bull. Jap. Soc. Sci. Fish.*, **33**, 489〜496 (1967).

19) 田中克：仔魚の消化系の構造と機能に関する研究－Ⅳ．摂餌にともなう腸前部および中部上皮層の変化と脂肪の吸収．魚類学雑誌, **19**, 15〜25 (1972).

20) T. Iwai and M. Tanaka : The comparative study of the digestive tract of teleost larvae—Ⅳ. Absorption of fat by the gut of halfbeak larvae. *Bull. Jap. Soc. Sci. Fish.*, **34**, 871〜875 (1968).

21) T. Iwai : The comparative study of the digestive tract of teleost larvae —Ⅴ. Fat absorption in the gut epithelium of goldfish larvae. ibid, **34**, 973〜978 (1968).

22) 田中克・川合真一郎・山本章造：アユ仔稚魚の消化系の発達と消化酵素活性について．同誌, **38**, 1143〜1152 (1972).

23) J. E. G. Raymont *et al.* : Biochemical studies on marine zooplankton —Ⅰ. The biochemical composition of *Neomysis integer. J. du. Cons.*, **28**, 354〜363 (1964).

24) J. E. G. Raymont *et al.* : The biochemical composition of certain oceanic zooplanktonic decapods. *Deep-Sea Res.*, **14**, 113〜115 (1967).

25) J. R. Beers : Studies on the chemical composition of the major zooplankton groups in the Sargasso sea off Bermuda. *Limnol. Oceanogr.*, **11**

520～528 (1968).

26) Y. Inui and Y. Ohshima : Effect of starvation on metabolim and chemical composition of eels. *Bull. Jap. Soc. Sci Fish.* **32**, 492～501 (1966).

27) Y. Inui and Egusa : Histological-changes observed in glass eel liver during starvation. ibid, **33**, 181～189 (1967).

28) T. Iwai : Feeding and ciliary conveying mechanisms in larvae of salmonoid fish, *Plecoglossus altivelis* Temminck and Schlegel. *physiol. and Ecol.*, **12**, 38～44 (1964).

29) T. Iwai : The comparative study of the digestive tract of teleost larvae—Ⅱ. Ciliated cells of the gut epithelium in pond smelt larvae. *Bull. Jap. Soc. Sci Fish.*, **33**, 1116～1119 (1967).

30) 長崎県増養殖研究所：増養殖に関する研究報告—Ⅰ，1～106 (1973).

31) 奥谷康一・木俣正夫：スズキの消化管におけるキチン分解作用に関する研究—Ⅰ. 日水誌，**30**，262～266 (1964).

32) 奥谷康一・川田泉・木俣正夫：水産動物のキチン分解酵素に関する研究—Ⅴ. ハマチの消化管に存在するキチン分解酵素について. 同誌，**33**，848～852 (1967).

33) 吉田陽一・瀬良洋：数種の魚類のキチン分解活性と食餌の磨砕・消化作用について. 同誌，**36**，751～754 (1970).

34) J. C. Marr : The "critical period" in the early life history of marine fishes. *J. Cons. Int. Explor. Mer.*, **21**, 160～170 (1956).

35) 岡本亮：マダイの稚魚飼育，日水誌，**35**，563～566 (1969).

36) J. H. S. Blaxter and M. Staines : Pure-cone retinae and retinomotor responses in larval teleosts. *J. Mar Biol Ass. U.K.*, **50**, 449～460 (1970).

37) 水戸敏：プランクトン期における仔稚魚の生態. 日本プランクトン研究連絡会報，(**14**)，33～49 (1967).

38) 小沢貴和：北西太平洋におけるヨコエソ科魚類ヤベウキエソ *Vinciguerria nimbaria* (Jordan and Williams) の初期生活史について. 鹿大水産学部紀要，**22**，127～141 (1973).

39) 沖山宗雄：日本海におけるキウリエソの初期生活史. 日水研報告，(**23**)，21～53 (1971).

40) 岩井保：仔魚の摂餌について. うみ，**10**，29～40 (1972).

〔付議〕 仔魚期の消化器官研究の意義

安　永　義　暢*

§1　消化器官研究の必要性

海産魚類の種苗生産に当って，後期仔魚から稚魚期までの大量減耗が，対象種のすべてで隘路になっているといえよう．その間のどの時点で最も減耗がいちじるしいかは魚種および飼育条件によって異なろうし，また，厳密な統計的処理によるデータが乏しいという憾みもあるが，ふ化後10日過ぎあたりと，日数では定めにくいが仔魚後期から稚魚期にかけて認められる例が多い．特に前者の場合に減耗率が高く，マダイ，マコガレイなど種苗生産効率の高い魚種でも50％前後，ブリ・ヒラメでは80％前後のへい死を見る．

この２つの大量減耗期が生じる原因について，ふ化仔魚の遺伝的または体質的欠陥を別にすれば，大きくは餌料の適合性のぜひと物理化学的環境の適合性のぜひの２つに分けて考えられよう．そのいずれが一般的に主因となり勝ちであるのかは，現在の仔魚期の生理生態上の知見からでは断じ難く，今後の研究を待たねばならないが，摂餌開始期以降に無投餌で飢餓状態のまま放置しておくと，卵黄吸収後通常５日から１週間，ふ化後10日から12日頃までにへい死してしまい，飼育下の最初の大量減耗期と日数的に近い点から，摂餌状態の適否が初期の大量減耗と大きく関係しているのではないかと考えるのも一理ある．

餌料を与えた際，仔魚がそれを摂取しなければもとより，摂取してでなおへい死が甚しいとすれば，餌料自体が仔魚の栄養要求，消化吸収機能に適合していないか，あるいはまた，仔魚の活力を維持する上で不適な成分が吸収されたためと考えられよう．

他方，仔魚期から稚魚期にかけての減耗もブラインノープリウス，チグリオパス等の小型甲殻類から大型餌料生物，あるいは直接エビ，魚の肉片等へ切り

*　東海区水産研究所

かえる時期にあたっているところから餌料の適合性の面からのへい死因の追求は初期の減耗因の追求の場合と基本的には共通した問題である．即ち，各成育段階における仔魚の摂餌能力，消化吸収能力，栄養要求といった仔魚自体の内的要因の解明を基本とし，それと餌料とを対比させた生物学的研究が重要である．

§2　摂餌開始期の消化吸収機能

摂餌開始期の仔魚の消化管は単純の直線的構造か1回転した構造が大部分であり，組織的には有胃魚でも前駆的な胃が見られるだけで内壁は上皮細胞の単純な連なりである[1,2,3,4]．成魚，稚魚と比べてかなり単純な消化管で異化量を上まわる同化量を確保するには，相当効率的な栄養摂取が行なわれる必要があろう．

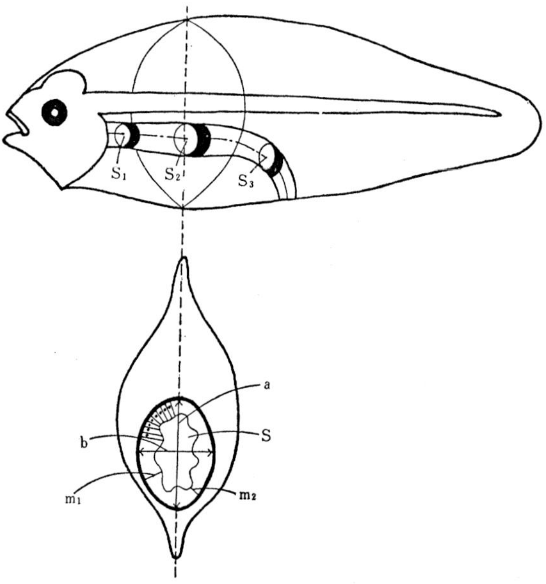

図 1·7-1　仔魚の消化管の横断面Sを組織切片によって測定する
Sは $S=\pi(a/2-m)(b/2-m)$ でもって近似的に求められる．
mは消化管壁の平均の厚み．
$m=\frac{m_1+m_2}{2}$ で近似的に求められる．

摂餌開始期の仔魚がどのように餌を取り込み，どのような機構で消化吸収していくのかが追求されねばならないが，取り込み方については形態および生態的知見から生物餌料を摂取する大部分の魚種では口腔，咽頭での咀嚼は行なわず，視覚上の判断によって一挙に消化管内に飲み下すと考えられる．

したがって，飲み下す際および飲み下した

後の消化効率の面からも餌料のサイズと消化管構造の物理的関係はまず検討されるべき問題であろう．

摂餌した直後の仔魚を顕微鏡下で観察すると餌料が消化管内で繰返し圧縮され収縮して排泄される過程が観察されることから，餌料の栄養分を吸収する上で消化管運動は，かなり重要な役割を果しているのではないかと推察される．

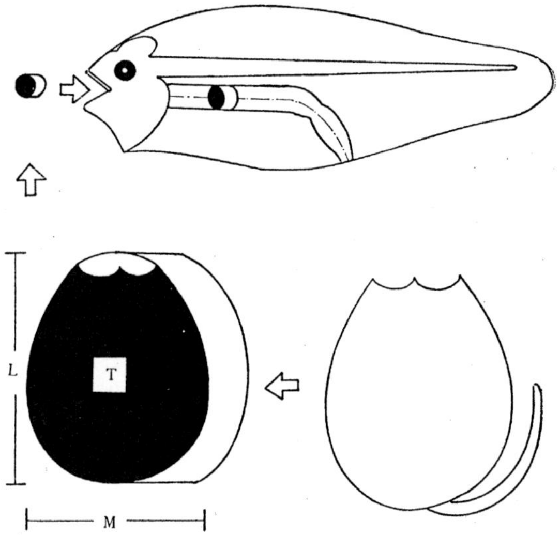

図 1·7-2　ワムシの最大横断面積Tを測定する．
Tは　$T\frac{\pi LM}{4}$で近似的に求められる．

図1・7，1・8はヒラメ仔魚の消化管の横断面積とシオミズツボワムシのサイズとの関係を対比させた一例であるが，餌料サイズの適不適はまず無事飲み下せるか，次に物理的消化がスムーズに行なえるかどうかという点で十分な検討が必要と思われる．

初期餌料のワムシ，二枚貝，ウニの受精卵や幼生に限らずその後のチグリオパス，ブラインノープリウス等が，たとえ取り込まれたにしてもサイズや外皮の硬さの点で消化管が物理的消化を行なう上で過重な負担になることはないのか．摂餌開始期の場合と同様な問題があろう．

次に化学的消化吸収機構に関しては，酵素による分解吸収と飲細胞運動による吸収の二方式が唱えられており，脂肪については前者で，たん白質については双方での吸収の可能性が考えられている．仮にたん白質の吸収が主に飲細胞運動によるのであるとすれば，飲細胞運動の機序から考えてある程度溶液化されていることが必要であろうから，餌料中のたん白質は筋繊維として含まれるより，体液としてコロイド状で存在する方が望ましいと考えられる．

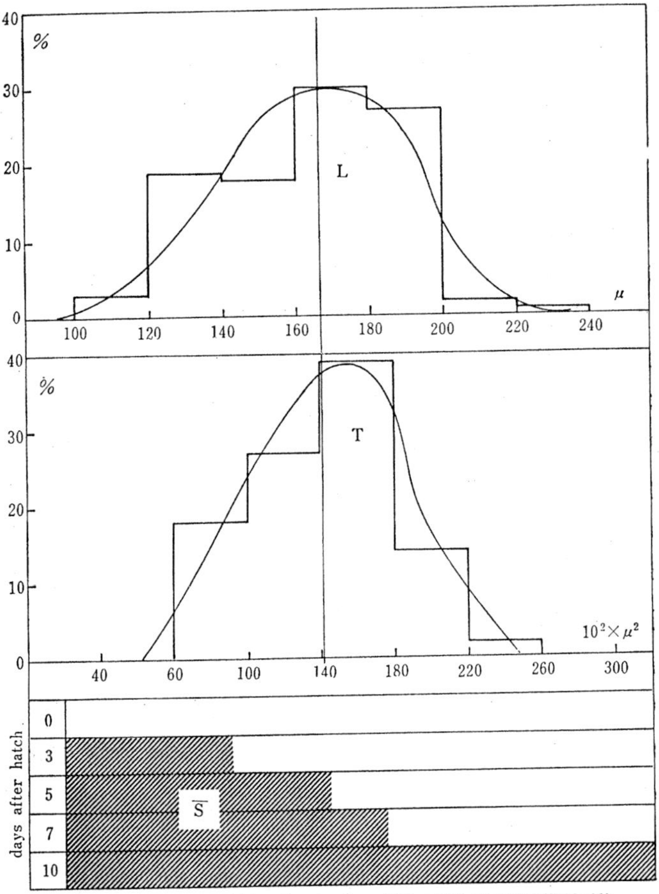

図 1·8　図1·7に示された方法で求めたヒラメ仔魚の消化管の平均横断面積 $S=\frac{S_1+S_2+S_3}{3}$ とワムシ最大横断面積T，長径Lの頻度分布グラフとを対比させたもの．ワムシが仔魚の消化管内に最大横断面を消化管の軸に直角にして取り込まれる場合には，摂餌開始期の５日目の仔魚で，投入されたワムシの半分程度しか利用されない可能性がある．ただし，消化管の拡張力をさらに加味する必要があろう．

そのような状態のたん白質を高率に含む餌料が存在すれば分解過程が省かれる点，たん白溶液中に含まれ得る他成分，例えば糖分が同時に吸収される可能性もあるなどの点で一面合理的と考えられると同時に仔魚にとって不適な成分も吸収される危険性を考慮する必要がある．こうした点から消化吸収機構の追求と平行して種々の餌料の精密な成分分析が進められねばならない．

他方，たん白分解酵素の存在も報告されているので[4,5]，酵素によるたん白質の分解吸収，あるいはまた酵素による中間生成物への分解と以後の飲細胞運動による吸収という折衷的機構も考えられ，今後さらに検討が必要であろう．

§3　稚魚への移行期における消化吸収

仔魚から稚魚への移行は消化管では胃および幽門垂の形態上の分化という形で発現するわけであるが，摂餌生態の上でもより大型の生物餌料あるいは肉片への切り変わりが行なわれる．稚魚から幼魚，成魚と飛躍的な成長を果す上ではたん白含量の多い大型餌料，肉片への変換は栄養効率の面で必要であろうが，これら餌料の消化吸収が円滑に行なわれるかという疑問も一方で生じる．

消化管の部分的肥厚によって外見的にも明確に胃の分化が認められる段階にいたれば，餌料はその部分に集中的に取り込まれ，また，胃腺の働きも始まると考えられるが，その直前の段階も含め組織構造上はまだ仔魚としての不完全分化の状態であり，成魚と同等に胃の機能が果されるのか検討の余地があるように思われる．

したがって，取り込む餌料と消化吸収機能との適合性については摂餌開始期とほぼ同様の考慮が必要であろう．例えば，嗜好性と消化能力のアンバランスから仮に大型餌料，肉片等が強引に取り込まれたとすると，消化不良から衰弱，へい死へといたることは予想されぬことではない．

投餌の面では新餌料を投入する時期が不適切であれば，摂餌はされても必らずしも成長せず逆にへい死にいたらしめる可能性も考えられる．故に，単に摂餌されるからという点だけによるのでなく，消化器官がどの段階まで達すれば新餌料が摂餌され，また確かに消化吸収され，有効な栄養源となるのかという仔魚の消化吸収機能を基本とし，かつ，それと外見上の形態，生態との関連性を目安とした餌料切りかえの論理性が今後確立されるべきであろう．

文　　献

1) 田中克：仔魚の消化系の構造と機能に関する研究，魚類学雑誌，**16**，1～9（1969）.

2) 田中克：仔魚の消化系の構造と機能に関する研究，魚類学雑誌，**16**，41～49（1969）.

3) 楳田晋・落合明：仔稚魚期におけるブリの消化管の構造と機能の発達について，日水誌，**39**，923～930（1973）.

4) 安永義暢：ヒラメ稚仔消化器官の発達について，東水研報告，**69**，75～89（1972）.

5) S. KAWAI and S. IKEDA : Studies on Digestive Enzymes of Fishes-IV. Derelopment of the Digestive Enzymes of Carp and Black Sea Bream after Hatching. *Bull. Jap. Soc. Sci. Fish.*, **39**, 877～881 (1973).

6) T. IWAI and M. TANAKA : The Comparative Study of the Digestive Tract of Teleost Larvae-IV. Absorption of Fat by the Gut of Halfbeak Larvae. *Bull. Jap. Soc, Sci, Fish*, **34**, 871～875 (1968).

7) 田中克：仔魚の消化系の構造と機能に関する研究—Ⅳ．摂餌にともなう腸前部および中部上皮層の変化と脂肪の吸収．魚類学雑誌，**19**，15～25（1972）.

2. 消 化 酵 素

川 合 真一郎*

各種魚類の種苗生産の重要性がクローズアップされて以来，かなりの年月が経過したが未解決の分野は決して少なくない．初期餌料の問題一つを取り上げてみても，解決の糸口となるべき仔稚魚の生理・生態に関する基礎的な知見が十分とはいえず，また消化・吸収・代謝に関してもほとんど明らかにされていないのが現状である．これらの事柄を明らかにしていくことは，自然水界における仔稚魚の動態を把握するために必須である，と同時に種苗生産の技術開発に際しても重要である．

仔稚魚の消化生理について追求する場合いろいろなアプローチの仕方があるが，消化酵素の面からするのも一つの方法であろう．仔魚期や稚魚期の消化酵素に関しては大量の供試生物を飼育管理することの難しさや煩しさなどのためか，非常に知見に乏しいようである．筆者らはコイ，ニジマス，アユ，クロダイについてふ化後の成長にともなう消化酵素活性の変化について調べ，いくつかの知見を得たので以下に述べる．

§1. 実験方法

酵素液の調製は30～100尾の仔稚魚から消化管全体を摘出し適量の純水を加えてホモジナイズした．ホモジネートを10,000×gで20分間遠心分離しその上清を粗酵素液とした．マルターゼ，アミラーゼ活性はpH 6.7，37°Cで1時間インキュベートした際に，基質が分解されて生ずるグルコース量をTauber-Kleiner法およびSomogyi-Nelson法を用いて測定し比活性および全活性で示した．

* 大阪市立環境科学研究所

プロテアーゼ活性の測定は基質として乳製カゼインを用い，遊離するチロシンを Folin 法により測定した．反応は 37°C，pH 9.5 および pH 3.0 で1時間インキュベートし前者をトリプシン様酵素，後者をペプシン様酵素とした．活性は比活性および全活性で示した．なお，酵素たん白量の測定は Biuret 法によった．

§2.　ニジマス仔稚魚の消化酵素

滋賀県醒ヶ井養鱒場より発眼卵を入手し実験室にもち帰り，実験水槽（32×62×41cm³）中に入れ水温を 12°C に保ちふ化させた．ふ化後卵黄吸収末期から市販のニジマス仔魚用クランブルを適量与えて飼育した．

サンプリングはふ化直前，およびふ化後数日間隔で行なった．また1年魚（体重約 70g）を入手し仔稚魚と比較するために酵素活性を測定した．

図2·1はニジマスのふ化後の成長に伴うプロテアーゼ，マルターゼおよびアミラーゼ活性の変化を示したものである．ふ化直後において顕著なペプシン様

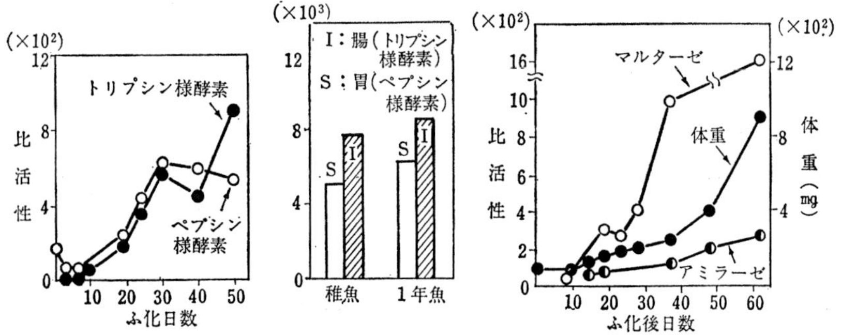

図 2·1　ニジマスのふ化後の成長に伴う消化酵素活性

酵素の活性が認められたが3日目で低下した．ふ化後20日前後すなわち卵黄をほぼ吸収し摂餌を開始する時期になるとプロテアーゼ活性（ペプシン様，トリプシン様両酵素）は急激に増大した．この時期になると稚魚体内で体たん白の合成および酵素たん白の合成が活発に行なわれるものと思われる．以後，成長にともない活性は増加し，ふ化後約60日においてほぼ1年魚のレベルに達した．

一方，マルターゼやアミラーゼ活性はふ化後10日前後において認められるがプロテアーゼ活性と同様ふ化後20日前後で顕著に増加した．

§3. ニジマス稚魚の消化酵素活性におよぼす飼料組成の影響

ふ化仔魚および稚魚の消化酵素活性については上に述べたとおりであるが，稚魚期において消化酵素の活性は飼料の組成に対してどのような適応もしくは対応を示すのであろうか．消化酵素の活性が飼料の組成に適応することについてはラットなどでかなり報告されている[1]．魚類については筆者らが以前にコイ若魚やマダイ，ハマチなどについて調べ，雑食性の強いコイでは殿粉含量60%程度まではアミラーゼやマルターゼが飼料中の殿粉含量に対応した活性を示すことを，さらにマダイなどにおいても殿粉を30%含む飼料に対してかなり顕著な適応を示すことを明らかにした[2]．以下に示す実験においてはまず，ニジマスを水槽中でふ化させ，ふ化後20日頃から市販のペレットを与えて飼育しふ化後45日，平均体重 0.36g の稚魚を 4 グループに分け各水槽に200尾ずつ収容し流水（水温 10°C）で40日間飼育した．投与した飼料の組成は表2·1に示したとおりである．

表 2·1　ニジマスの試験に用いた飼料組成 (g)

グループ	A	B	C	D
魚　粉	80	60	40	20
馬鈴薯殿粉	15	15	15	15
α- セルロース	0	20	40	60
ビタミン	2			
ミネラル	2			
α- 殿　粉	5			

各飼料はクランブル状に成型し（直径 1 mm，長さ 2 mm）1 日に 7 ～ 8 回に分けて各回とも飽食するまで投与した．いずれのグループも一般に食欲は良好であったがDグループのみ，すなわち低たん白群では若干劣るようであった．飼育期間中のプロテアーゼ活性を図2·2に示した．ペプシン様酵素は一般にA，B，C，Dの順すなわちたん白含量の高いものほど活性も高いようであっ

た．低たん白飼料グループでは飼育０日から40日の間はほとんど活性の増大を示さなかった．Ａグループでは40日間にほぼ４倍の活性増加がみられた．

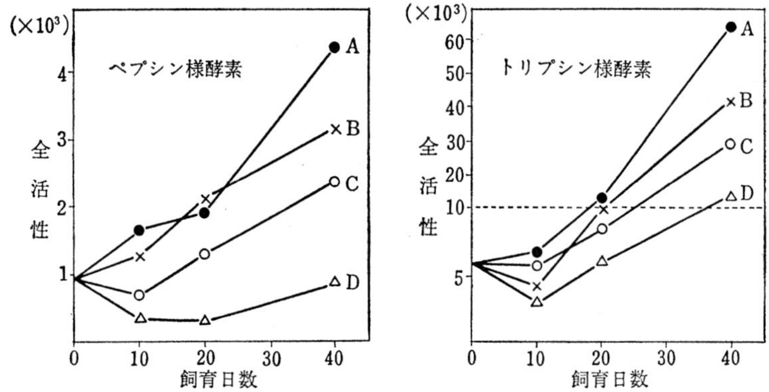

図 2·2 ニジマス稚魚のプロテアーゼ活性におよぼす飼料組成の影響

またトリプシン様酵素もペプシン様酵素と同様の傾向を示した．しかし飼育40日間における活性の増加はいちじるしく，Ａグループでは約15倍程の増大を示した．この時期においてはたん白の消化にトリプシン様酵素の関与する度合はペプシン様酵素に比して高いのではないかと思われる．

一方，アミラーゼやマルターゼ活性は飼料中の澱粉含量が等しいにもかかわらず図2·3に示したごとくたん白含量の高いものほど活性も高いという結果が得られた．

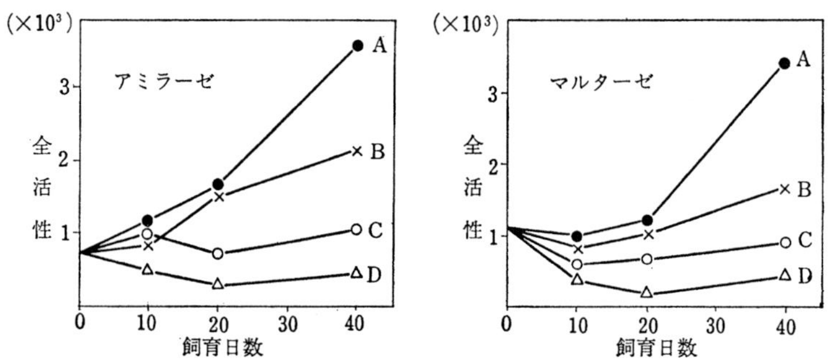

図 2·3 ニジマス稚魚のアミラーゼ，マルターゼ活性におよぼす飼料組成の影響

マルターゼ活性はAグループを除いたB，C，Dの3グループでは飼育期間中に活性の増大がほとんど認められなかった．さらにDグループにおいてはアミラーゼ，マルターゼ両者とも最初のレベルより低い活性を示した．

これらの現象は以前に行なったコイ若魚における実験の結果とは異なった様相を示した[2]．

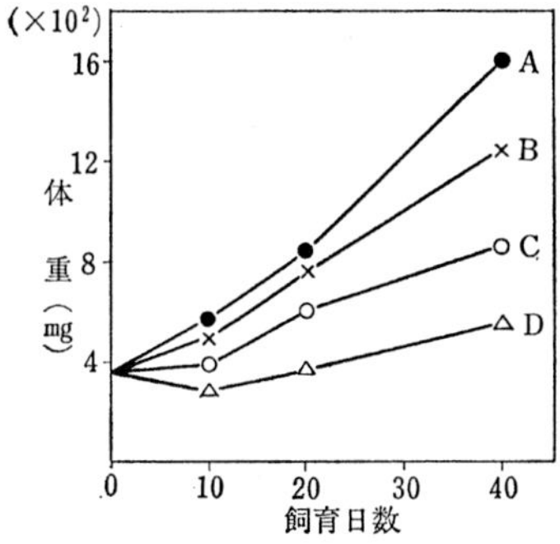

図 2·4　ニジマス稚魚の体重増加におよぼす飼料組成の影響

飼育期間中の各グループの成長については図2·4に示したようにたん白含量に応じてA，B，C，Dの順であり，消化酵素における結果と一致した．

これらの結果からニジマス稚魚期においては消化酵素はたん白量の多い飼料ほど活性は高くアミラーゼ，マルターゼのようなカルボヒドラーゼすらもたん白含量が多く成長の良いグループほど高い活性を示すことがわかった．しかし飼料中のα-セルロース含量が稚魚の消化吸収にどのような影響をおよぼすかについては検討しておく必要があろう．

§4.　コイ仔稚魚の消化酵素活性

コイの発眼卵を兵庫県養父の養鯉場より入手し実験水槽でふ化させた．水温

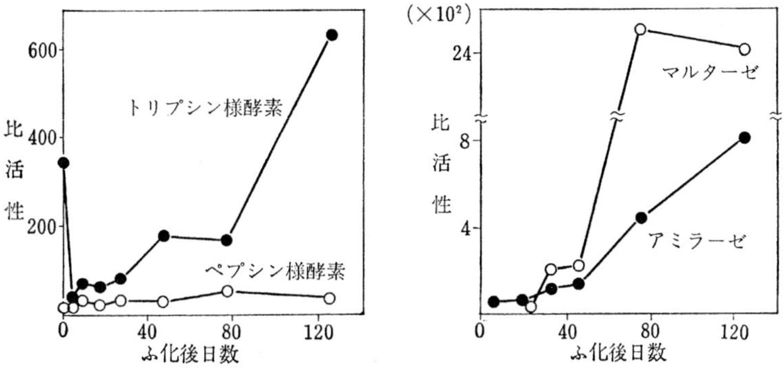

図 2·5　コイのふ化後の成長に伴う消化酵素活性

は 15°C であった．ふ化後鶏卵黄，ブラインシュリンプなどを与えて約50日飼育し，以後市販のペレットを投与した．消化酵素活性の測定法はニジマスの場合と同様である．図2･5から明らかなようにトリプシン様酵素の活性はふ化直前の卵において高かったが3日後にはいちじるしく低下した．ニジマスの場合pH3.0で作用するペプシン様酵素がふ化前後において顕著な変化を示したがコイではこの点様相を異にした．一方，コイのペプシン様酵素の活性はふ化前後において変化もなくまた成長に伴う増大も見られなかった．コイのような無胃魚においては当然のことと思われる．トリプシン様酵素の活性は以後次第に増大しとくにふ化後40日前後の増大は顕著であった．ふ化後 125 日の稚魚はコイ若魚の 1/5 程度の比活性を示した[3]．ニジマスではふ化後60日で1年魚のレベルに達したことに比してやや遅いようである．しかし餌の質，量によりこの時期の消化酵素の活性は影響を受けるので直接の比較は困難であろう．

マルターゼやアミラーゼの活性はふ化後 7 ～10日頃から認められた．トリプシン様酵素と同じくふ化後30日以後の活性上昇は顕著であった．ふ化後 125 日でコイ 1 年魚の約 1/2 の比活性を示した．

§5. アユの仔魚から稚魚への移行期における消化酵素活性

大阪府淡水魚試験場より受精卵を入手し，淡水でふ化させた．ふ化仔魚を70%海水を入れた0.5トン容パンライト水槽に移し，天然海水中の動物プランクトン，シオミズツボワムシ，ブラインシュリンプなどを餌として飼育した．ふ化後 130 日および 180 日の 2 回にわたってサンプリングし仔稚魚を全長別にⅠ(30mm 以下)，Ⅱ (30～35mm)，Ⅲ (35～40mm)，Ⅳ (40mm 以上) の 4 グループに分けて消化管全体を摘出し，プロテアーゼおよびアミラーゼ活性を測定した．この 4 グループのうち形態を基準にした段階区分では第Ⅰ，Ⅱグループが仔魚期にあたり，第Ⅲ，Ⅳグループは稚魚期に属すると考えられる[4]．

表2･2はアミラーゼ，トリプシン様酵素およびペプシン様酵素の活性について示したものである．

アミラーゼ活性は全長 30mm 以下の仔魚においてもすでに顕著に認められ

表 2·2 アユの仔魚および稚魚の消化酵素活性

酵素	グループ（全長）	尾数	活性 比活性	活性 全活性
アミラーゼ	25〜30mm	55	192	28.4
	30〜35	23	174	45.2
	35〜40	19	338	280.4
	40〜45	5	262	524.0
ペプシン様酵素	25〜30	55	18.6	2.7
	30〜35	23	51.9	15.2
	35〜40	19	240.0	180.3
	40〜45	5	788.0	1572.0
トリプシン様酵素	25〜30	55	2250	1344
	30〜35	23	2110	2487
	35〜40	19	2520	1891
	40〜45	5	1320	2640

以後成長にともない活性は上昇し，全長 40mm 以上になると全活性は 30mm 以下の仔魚の約20倍にも達した．アユのアミラーゼ活性についてはこれまでにも報告されており，それによると体長が6〜9 cm になりその食性が動物プランクトンから藻類へ転換する時期になって初めてアミラーゼ活性が出現するといわれている[5]．しかし表 2·2 から明らかなようにアミラーゼ活性の出現は仔魚がある程度成長すれば認められるのであり，食性すなわち餌の質そのものが変化することによってのみ発現するものではないと考えられる．またその活性の強さも餌の質だけでなく量によっても大きく影響を受けると思われる．

一方，プロテアーゼのうちトリプシン様酵素は全長 25〜30mm の仔魚においてはっきりと認められるが，以後成長にともない顕著な増加は見られなかった．

またペプシン様酵素は 30mm 以下の仔魚においては非常に微弱であるが35 mm 以上の稚魚段階に達すると急激な活性の上昇が認められ，40mm 以上の稚魚における全活性は 30mm 以下のそれの約500倍を示した．ペプシン様酵素を産生分泌する胃腺は全長 30mm 前後で分化し始め 35mm 前後で分化はさらに進む．これにともないペプシン様酵素活性の発達が認められるが，30〜35mm の第 2 グループではまだ活性は低く構造的には胃腺は仔魚期の後期に分化し始めるが，この酵素が機能的になるのは稚魚段階に入ってからと考えられる．また稚魚段階に入ってからもこのペプシン様酵素の活性はさらに増大する．

これらのことからアユにおいては仔魚期すなわち上に述べた実験における体長35mm 以前ではたん白の消化はトリプシン様酵素により行なわれるが，形態的に稚魚期に入ると胃腺がいちじるしく発達しペプシン様酵素が機能的となり，たん白の消化に大きく貢献するのではないかと思われる．

§6.　クロダイ仔稚魚の消化酵素活性

実験に用いたクロダイの卵および仔稚魚は淡路島五色町の刺網で漁獲された親魚から採卵受精し4時間以内に大阪府水産試験場内のパンライト製1トン水槽へ収容しふ化，飼育したものである．飼育方法はふ化後約60時間後に40万個/cc の濃度にマリンクロレラを主体としたグリーンウオーターを入れ，ふ化後3日から毎朝マリンクロレラで培養したシオミズツボワムシ，もしくはパン酵母で培養したシオミズツボワムシを投与した．ふ化後20日前後からチグリオパス，ブラインシュリンプさらに擂潰魚肉などを混合投与した．

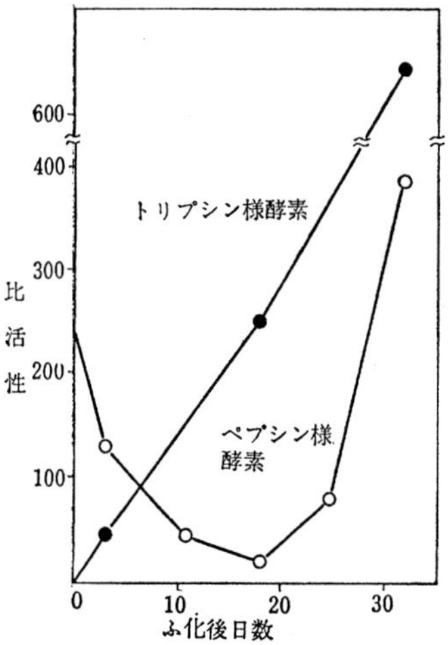

図 2·6　クロダイのふ化後の成長に伴うプロテアーゼ活性

図2·6にプロテアーゼ活性の変化を示したがペプシン様酵素はふ化直前に顕著な活性が認められた．この活性はふ化後低下するがふ化後20日前後からの活性上昇はいちじるしかった．これは仔魚体内での胃腺形成期とほぼ一致しており[6]，この時期がシオミズツボワムシから大型の動物プランクトンあるいは魚肉への餌料転換期としての一つのポイントになるのではないかと考えられる[7]．一方トリプシン様酵素の活性はふ化後3日，すなわち摂餌開始時の仔魚において認められ，以後も成長に伴い増大した．

またアミラーゼ活性は図2·7に示したようにふ化後11日頃においてはっきりと認められた．ふ化後32日における活性は先に述べたコイやニジマスのふ化後40日前後の活性と同程度であり，餌の質とくに人工配合飼料などを考えていく上で興味深く思われる．

図2・8はこれまで述べたコイ，ニジマスおよびクロダイについてふ化直前からふ化後約10日までのプロテアーゼ活性をピックアップして示したものである．

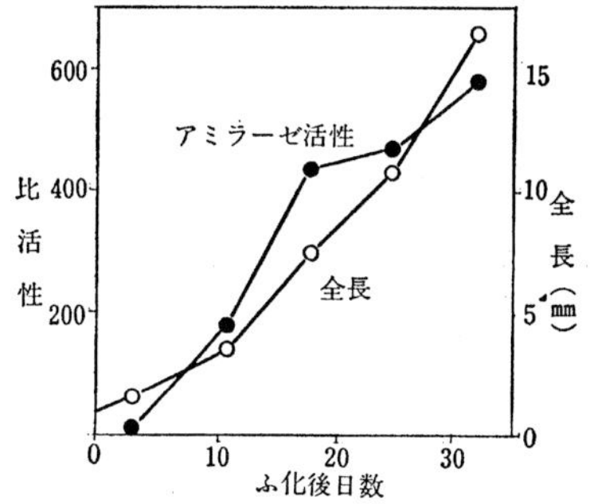

図 2・7　クロダイのふ化後の成長に伴うアミラーゼ活性

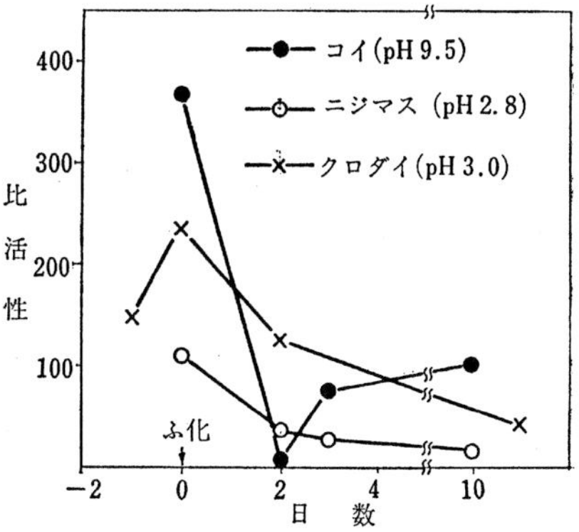

図 2・8　コイ，ニジマス，クロダイのふ化後におけるプロテアーゼ活性

コイではトリプシン様酵素の活性がふ化前後で著しい変化をするが，ニジマス[8]やクロダイではペプシン様酵素がこの時期に急激な変化を示した．これらの酵素はいずれもふ化に際して何らかの役割，すなわちふ化酵素的な役割を果しているのではないかと考えられる．しかしその諸性質を知るためにはこれらの酵素をある程度純化して卵膜に対する作用などを検討しなければならない．ふ化酵素については従来，ウニ，カエル，サケその他の魚類でかなり報告されている[9]が近年ふ化酵素がいくつかの酵素，たとえばたん白分解性や脂質分解性の酵素などの複合したものであるともいわれている．[10]

以上数種の魚類についてふ化後の成長に伴う消化酵素活性について消化系の発達との関連や，餌料の組成との関連において述べてきたが，これらの結果から次のような事柄がいえる．

1.　ふ化仔魚は一般に摂餌を開始する以前から消化酵素の活性を発現するが，摂餌開始後急激な活性の増大を示す．

2.　肉食性，雑食性魚類を問わず，また植物性餌料の投与如何にかかわらず，仔稚魚は顕著なアミラーゼやマルターゼ活性を示す．

3. アユやクロダイに見られるように胃腺の分化，発達にともないペプシン様酵素の活性が増大するのはもちろんであるが，この時期は仔稚魚にとってある種の餌料転換期に相当するのではないかと思われる．

今後の課題として次の事柄が考えられる．

1. 消化酵素について論ずる場合エネルギー効果の高い脂肪の消化，吸収，代謝に関与するリパーゼ，エステラーゼ等についても当然追究する必要がある．

2. 上に述べてきたなかで仔魚の外部形態や内部形態と消化酵素活性との関連について幾分触れてはきたが，消化・吸収を考える場合生化学的な側面と生理学的な側面とがさらに一体となって進められなければならない．たとえば酵素組織化学的な取り組みも大いになされるべきと思われる．

3. そして最後に種苗生産の技術を開発するための基礎研究も大切なことであるが育成した種苗をいつ，どこへ，どのようにして放流しどのようにして漁獲するかについての取り組みが当然平行して進められなければならない．その際とくに種苗が成育し得るような環境を保護し，さらに浄化することが目下の急務だと思われる．

文　献

1) Abdeljlil, A. B. Visani, A. M. and Desnuelle, P. : Adaptation of the Exocrine Secretion of the Rat Pancreas to the Composition of the Diet. *Biochem. Biophys. Res. Commun.*, **10**, 112～116 (1963).

2) S. Kawai and S. Ikeda : Studies on Digestive Enzymes of Fishes —Ⅱ. Effect of Dietary Change on the Activities of Digestive Enzymes in Carp Intestine. *Bull. Jap. Soc. Sci. Fish.*, 38, 265～270 (1972).

3) S. Kawai and S. Ikeda : Studies on Digestive Enzymes of Fishes —Ⅰ. Carbohydrases in Digestive Organs of Several Fishes. *Bull. Jap. Soc. Sci. Fish.*, **37**, 333～337 (1971).

4) 田中克・川合真一郎・山本章造：アユ仔稚魚の消化系の発達と消化酵素活性について，日水誌，**38**, 1143～1152 (1972).

5) 武居薫：鮎（*Plecoglossus altivelis* T. & S.）の成長に伴う消化酵素系の変化について，農水講研報，**3**, 289～294(1953).

6) 田中克：仔魚の消化系の構造と機能に関

する研究．魚類学雑誌, **16**, 41～49(1969).

7) S. KAWAI and S. IKEDA : Studies on Digestive Enzymes of Fishes—Ⅳ. Development of the Digestive Enzymes of Carp and Black Sea Bream after Hatching. *Bull. Jap. Soc. Sci. Fish.*, **39**, 877～881 (1973).

8) S. KAWAI and S. IKEDA : Studies on Digestive Enzymes of Fishes—Ⅲ. Development of the Digestive Enzymes of Rainbow Trout after Hatching and the Effect of Dietary Change on the Activities of Diegstive Enzymes in the Juvenile Stage. *Bull. Jap. Soc.Sci. Fish.*, **39**, 819～823 (1973).

9) 石田寿老：孵化酵素．"初期発生における細胞"（日本発生生物学会編，岩波書店), 226～246 (1971).

10) 小川典子・大井優一：メダカの卵膜と孵化酵素．動物学雑誌，**77**, 151～156 (1968).

〔付議〕 クルマエビ稚仔の消化酵素

黒 木 暘*

クルマエビ *Penaeus japonicus* は，他の海産養殖種とともに，わが国における重要な栽培漁業対象種の一つである．藤永らによって創始されたクルマエビ養成技術の中心をなすものは，初期餌料としての海産微小生物の培養であり，この面においては多くの研究成果があげられている．またクルマエビの生態学的，形態学的研究も数多くなされている．しかしながら消化生理の観点からの研究は少なく，とくに稚仔期のそれに関してはほとんど見当たらない．これはふ化後期，nauplius 期，zoea 期，mysis 期，post larva へと短期間に多様な変態を遂げながら成長するための研究の難しさにも起因するのであろう．この主テーマであるところの“稚魚”という概念からは外れるが，重要な海面養殖対

表 2・3 クルマエビの消化酵素活性

体 重 (g)	器 官	たん白質分解酵素 (比活性)	脂質分解酵素 (比活性)
0.03～0.08	全 体	0.08～0.26	0.01～0.04
0.10～0.40	全 体	0.32～0.64	0.02～0.06
0.50～1.00	全 体	0.83～1.22	0.21～0.34
1.00～5.00	肝 臓	4.68～5.40	1.60～2.10
	胃	1.53～2.40	0.30～0.40
5.00～10.00	肝 臓	5.20～6.60	2.00～3.00
	胃	1.40～3.00	0.30～0.80
	腸 管	0.08～0.24	0.02～0.06
10.00～40.00	肝 臓	4.48～6.80	2.00～3.30
	胃	1.00～3.00	0.20～1.20
	腸 管	0.08～0.91	0.02～0.06

* 宮崎大学農学部

象種であるという考えから，稚仔魚の場合と比較しながらクルマエビ稚仔の消化酵素について報告する．クルマエビはふ化後 nauplius 期の後期にならないと摂餌を始めないとされており，ふ化直後における消化酵素活性の変化などをみた研究結果は報告されていない．

post larva 期から稚エビ期にわたる消化酵素活性をしらべたところでは，表2・3に示すような結果であった．

成育に伴って消化酵素の比活性は，ニジマス[1]，アユ[2] の場合と同様に増大してゆく傾向がみとめられた．体重が 5 g に達すると成体のレベルとほぼ同じになることがみとめられる．クルマエビ稚仔の場合は，たん白質分解酵素の活性が強く，脂質分解能はそれにくらべ微弱である．アラミーゼ活性は saccharogenic な方法では検出できず，山根[3]の基質膜法により肝臓の腺細胞周囲にアミラーゼ反応が生じていることを確認するにとどまった．ニジマス[1]，コイ[4]，アユ[2] およびマダイ[4] 稚仔においていずれも顕著なアミラーゼ活性がみられるのと異なり，クルマエビ稚仔の場合は成長がかなり進んでもアミラーゼの活性増大はみられない．

表 2・3 から明らかなように，クルマエビの腸管における消化活性はさほど大きくない．

この結果はカゼインを基質として pH 9 で測定したもので，トリプシン様酵素の活性を表わしている．消化生理学上の通念では腸におけるプロテアーゼ活性はトリプシン様酵素のそれが主要なものであるとされており，クルマエビの場合それがこのように微弱であることと腸管の形態から考えて，クルマエビ腸管における消化作用はもっと詳しく検討してみる必要がある．

次に飢餓と消化酵素の関係について述べる．

実験的に飢餓を起こさせたときの各種の消化酵素活性の変動については，いろいろな魚で観察されているが，稚仔期における飢餓はクルマエビの場合とくに鋭敏に影響をおよぼす．投餌を中止した翌日には酵素活性が明らかに減少し，2 日目には約半分近くに落ち込むことがみとめられた．4 日目には最低となり，5 日目には“共食い”による飢餓の回復と活性の急上昇が観察された．成体に比べてこのように影響が大きいのは，稚仔期が貯蔵エネルギーの少ない，成長最大時期に当たっていることからみても当然の結果と考えられる．

稚魚では同じような研究結果は見られないが，おそらく魚類の場合にもあてはまることと考える．この結果からみて稚仔期における投餌管理は非常に厳密に投与量や給餌時間などを規定する必要があろう．

飼料成分組成が稚仔の消化酵素活性にどのように関係するかについては，養成技術上重要な問題であり，配合飼料の開発，改良のためには必須の研究事項であると考えられる．

川合ら[1]は魚粉含量を変えた4種の実験飼料をニジマス稚魚に与え，炭水化物分解酵素，たん白質分解酵素ともに高たん白飼料区で活性が高かったことを報告している．クルマエビ稚仔の場合，たん白質分解酵素は高たん白質区で活性を維持ないし増大するが，高脂質区および高炭水化物区では低下する傾向を示した．

脂質分解酵素は高たん白質区と高脂質区で活性が増大した．高炭水化物区では飼育開始後13～14日目で“共食い”を生じクルマエビ稚仔にとって炭水化物の多い飼料は栄養的にいちじるしい不均衡が生じていることが推察された．また実験開始後，消化酵素活性の増大あるいは減少が明瞭にみとめられるのは10日目前後であり，新しい飼料になれる期間をこのような消化酵素の挙動から推察することができる．川合ら[5]はクロダイでふ化後3日目においてトリプシン様酵素の活性がみとめられ，シオミズツボワムシを活発に摂餌する10日前後で急激な増大がみられたことを報告している．このように魚類，エビ類を問わず稚仔期における飼料と消化酵素の関係は成体の場合以上に密接であり，飼料転換期における飼育管理をより合理的なものにするためにも，稚仔期における消化生理上の基礎的研究の充実が望まれる．

脂質分解酵素が高脂質飼料による飼育で増大する傾向があることを前に述べたが，魚類，甲殻類を問わず脂質分解酵素に関する研究はきわめて少なく，とくに稚仔のそれは皆無といってよい．クルマエビ養殖においては魚類以上にたん白質を要求するために，飼料の改善――たん白質の節約――が一つの問題点となっている．クルマエビ稚仔の脂質利用能に関する研究の進展は配合飼料改善の一助たり得るかも知れない．

稚仔の飼育の場合，環境要因の変動は消化酵素活性にどの程度影響をおよぼすものであろうか．このシンポジウムでも環境条件がとり上げられている．クルマエビ稚仔の場合，プロテアーゼ活性は水温 25°C で最高を示し，リパーゼ様活性は環境水温の上昇とともにさらに増大する傾向を示した．稚仔魚や稚エビでは外界の温度の変動が直接的に代謝能に影響を与えることが推察される．エビの場合は体成分からみても脂質含量が少なく，外界水温の変化に対応する緩衝能は稚仔魚よりも小さいことが推定されるが，魚類稚仔についてこのような研究がなされていないので詳しい比較はできない．飼育海水の塩分濃度が低下すると消化活性もそれにつれて低下し，水温要因と合せて，環境条件の変動も稚仔の消化生理を左右することが考えられる．

文　献

1) S. Kawai and S. Ikeda : Studies on Digestive Enzymes of Fishes—Ⅲ. Development of the Digestive Enzymes of Rainbow Trout after Hatching and the Effect of Dietary Change on the Activities of Digestive Enzymes in the Juvenile Stage. *Bull. Jap. Soc. Sci. Fish.* **39**, 819～823 (1973).

2) 田中克・川合真一郎・山本章造：アユ仔稚魚の消化系の発達と消化酵素活性について．日水誌，**38**, 1143～1152 (1972).

3) S. Yamane : Localization of Amylase Activity in Digestive Organs of Carp. Determined by a Substrate Film Method. *Bull. Jap. Soc. Sci. Fish.* **39**, 497～504 (1973).

4) S. Kawai and S. Ikeda : Studies on Digestive Enzymes of Fishes—I. Carbohydrases in Digestive Organs of Several Fisbes *Bull. Jap. Soc. Sci. Fish,* **37**, 333～337 (1971).

5) S. Kawai and S. Ikeda : Studies on Digestive Enzymes of Fishes—Ⅳ. Development of the Digestive Enzymes of Carp and Black Sea Bream after Hatching. *Bull. Jap. Soc. Sci. Fish,* **39**, 877～881 (1973).

Ⅱ．飼育条件と発育

3. 環 境 条 件

倉 田　博*

わが国における種苗生産技術は，従来，主として採卵と餌料培養とを中心に発展しており，飼育環境についてはその重要さにふさわしい比重では知見が集積されていない．もともと環境問題の研究には特別な難かしさが伴う．ひとつまたは1組の要因が稚魚の発育にどんな影響があるかを実験的に調べようとすると，栄養も含めて一般的な飼育技術があらかじめ確立していなければならない．ところが一方では，飼育技術を確立するためには個々の環境要因の作用があらかじめ理解されている必要がある．だから，この種の実験の結果はしばしば適切な評価が難かしい．設定した以外の要因の作用が一層強く作用しがちなために，結果として現われる生物の反応が混乱することが多いのである．そういうわけで，種苗生産における環境管理はいわば職人的なカンや個人的な創意工夫の中に埋没していて，明確な輪郭をもった技術としては体系づけられていない．

ここでは，稚魚の発育過程でしばしばみられる顕著な現象について，それらがどんな飼育環境と最も深い関係がありそうかを考えてみることにした．飼育環境問題については，いろいろな角度から多面的な考察を試みることによって，少しでも理解を深められるのではないかと思うからである．

§1 適環境

稚魚が生きられる環境の範囲は，馴化によって多少とも変わるが，大体決った限界がある．一般には自然生育環境が最適だといわれている[1)]．魚はそこで

* 南西海区水産研究所

再生産している限り，その環境に十分適応しているはずであるから，稚魚もその産卵環境において最も効率よく発育するだろうということは，実証はないとしても納得できる．しかし困ったことに，多くの場合卵稚魚の自然生育環境を水槽内にそのまま再現することがきわめて難かしく，維持することは更に難かしい．特に外海で浮遊卵を産む種類ではほとんど不可能だろう．だから，飼育環境を自然環境に一致させるよりも，できることなら稚魚の調節機能をなるべく飼育環境に馴らす方がむしろ実際的であろう．最近は多くの海産魚について池中養成親魚から採卵できるようになったので[2]，その可能性は一段と強まった．単に健全な卵を採るだけでなく，卵稚魚の飼育環境への馴化という面からも意図的な親魚養成が望まれる．

最近の知見によれば，遺伝特性の範囲内で多少とも飼育環境への耐性を強めうる可能性がある．つまり親魚の環境適応はその仔におよぶ．例えば flounder では，雌を産卵前数週間低塩分海水で飼うと，卵は大型で低浸透圧となる[3]．メダカの一種（*Cyprinodon*）では，稚魚の生長や餌料転換効率は親魚を養成し産卵させた塩分濃度において最も高い[4]．親魚が育ち卵もそこで生れた環境はふ化仔魚の環境適応を不可逆的に条件づけるのだという．この適応は一代限りで，次の世代には遺伝されない．また，plaice では，産卵まで３カ月ほど池に飼いならした親魚から生れた卵と，海から漁獲してすぐの親魚から生れた卵とでは，変態までの飼育歩留りが著しく違い，馴化群では20％であったのに対して，同じように飼育した野生群では４％にとどまった[5]．

これらの知見は，一定期間池中養成すると親魚は新しい人工環境に馴化し，しかも新しい環境適応は卵を通じて稚魚に伝わったことを示している．そうだとすれば，あらかじめ親魚をなるべく飼育環境に馴化しておくことで飼いやすい稚魚を作ることも，ある程度までは可能性があるわけで，重要な意味があると思う．海の中では，浮遊卵は普通産みだされた水塊中にいわばとじ込められた状態で，極めて安定した環境の中で育つのだと信じられている．そうだとすれば，あらかじめ親魚のときから飼いならすことの重要性は，沈性・付着卵よりも一段と大きいであろう．

§2. 形質変異

適環境範囲内では，原則として大多数の稚魚は生きるはずだから，外囲環境との平衡についてもっと詳細に検討するための指標として，稚魚の生き死にだけでは不十分である．もっと別のものが要る．例えば各種の形質変異である．形質の変異は体内生理の違いを反映しているはずだと考えられるからである．脊椎骨数・鰭条数・鰓耙数などの計数形質変異は，古くから有力な系群解析手段として多くの研究が行なわれてきたが[6]，一方では飼育稚魚の環境適応を理解するための指標としても利用しうる．また，カレイ・ヒラメ類の色素発育不全やマダイの脊椎屈曲症なども，同様に稚魚の環境適応が外部形態に現われたという見方もできるであろう．

2·1 計数形質

自然個体群では多くの場合，北半球で北に多く南に少ない北高南低型の傾向が明瞭で，早くから生息水温との逆相関が認められていた．一方，実験的に違った温度条件において飼育した結果では，平均脊椎骨数と飼育水温との間にはV型の関係が認められることが多い[7]．いわゆる TÅNING 効果である．ある中間的な水温において極小となり，それより低温でも高温でも多くなる．自然個体群で認められたように飼育水温との関係が一方的な例もあるが，恐らく実験温度の範囲が十分広くなかったからではないかと考えられている．ただし，鰭条数と温度との関係は逆V型がみられた例もあり，TÅNING 効果は必ずしも常にみられるとは限らない．また，飼育水温が違って脊椎骨数に明らかな変異がみられた場合でも，背鰭条数には目立った変異が起こらなかった例もある．

水温以外の要因も計数形質変異の 原因となる．高塩分は herring 筋節数を増加させ，強い光や長い日照時間は salmon などの脊椎骨数を減少させる．脊椎骨数の減少は sea trout では CO_2 の増加によっても起こる．また計数形質に対する水温の作用は塩分濃度によって変わり，例えば鰭条数の変異は適応水域の塩分濃度において最も強く水温の作用を受けるともいわれている．

さらに，環境要因の作用は形質変異にいつも同じ効果をおよぼすわけではない．稚魚の環境感受性は発育段階によって変わる．高感受期は，受精後約

400D°でふ化する sea trout では 160〜300D° の間にあり[8]，herring では受精後6〜7日に[9]，killifish でもふ化前にある[10]．一方，種によってはふ化後にもなお感受性が残る．さらに，水温変化に対する反応が刺激を受ける発育段階によって逆転することもある．メダカで実験した結果[11]では，稚魚の脊椎骨数は受精後2日に高温に移すと少なくなるのに，6日後に移すと逆に多くなったという．

このように，計数形質の変異と環境とのかかわり合いは一筋縄ではゆかず，断片的な現象の統一的な理解は難かしい．今のところ GABRIEL[10] と BARLOW[12] による仮説が比較的広く支持されている．それによれば，必ずではないが多くの場合，ふ化を遅らせるような条件は計数値を増大させるという．逆も真で，高い計数値をもった稚魚は最適条件からはずれた環境で育ったものとみなされる．生長と分化との関係は環境によって変わるので，分化が生長より相対的に遅れると，形質分化のためにより多くの組織が利用できるはずであり，したがって計数値は高くなるという．

ところが一方では，飼育稚魚は天然稚魚よりも一般に計数値が低いことが cod の脊椎骨数[13]や淡水産 trout の鱗数[14]で実験的に知られている．plaice の飼育稚魚は 10mm くらいから変態しはじめるが，天然では 13mm 以下の変態個体はみられない[15]．ヒラメ[16]やイソスジエビ[17]でも同様な現象が知られている．これらの例では形質分化が生長よりも相対的には促進されたのだから，上の論理によれば，飼育環境は自然生育環境よりも最適条件に近いことになる．これは一般的な常識に反する．さらに，連続照射条件は trout や bluegill のふ化を早めるが[18]，同様な条件は，前に述べたように，一般に脊椎骨数を減少させる．

結局，表現型としての計数形質の変異と環境との関係に関するわれわれの理解はまだ極めて不十分であり，それを指標とする稚魚の生理的調節機構の解明も今後に残された問題である．

2·2 色素不全

ヒラメ・カレイ類稚魚では，有眼側の色素が発育不全だったり，無眼側に色素が発達したりする．自然でもみられるが，飼育個体ではかなり高率に出現することが多い．飼育環境が最適条件からはずれてはいるが，稚魚が死亡するほどではないために起こるのであろう．plaice 卵を暗黒条件で飼うと，ふ化には影響がないが稚魚は変態時に色素不全になるという[19]．この知見は，原因となった環境の影響が 10～12 週[20] も経ってから発現した例としても注目される．SHELBOURNE[15,21]は plaice 飼育稚魚の色素不全が個体間の干渉によって影響されることを指摘した．ひとつの水槽内の稚魚同士では大型魚は小型魚よりも色素の発育がよい傾向が明瞭である．有眼側の色素被度を目視計量して，体長群別の平均被度(Y)を体長(X)に対してプロットすると，一般に $Y=a+bX^n$ なる関係が認められるという．平均被度の代わりに正常色素個体の割合をとってもほぼ同様な関係がみられる．(bX^n) 項は年により飼育水槽によって違った値となり，環境の違いを敏感に反映する．効果的な要因は，わかっている限りでは，飼育密度と採卵条件とである．飼育密度が高いほど色素被度は全体として明らかに低い水準にとどまる．また，管理がゆき届いた室内水槽で養成した親魚から生れた稚魚は，屋外池の親魚から生れた稚魚よりも，同じ飼育密度でも平均色素被度は高い水準となり，正常色素個体の割合も高かった．

親魚の養成環境ないしは初期の卵発育環境の違いが，稚魚の色素発育に関する安定性に影響したものと考えられる．しかし，なぜ室内卵は屋外卵よりも安定性が高まるのか，前者は後者よりもわずか重かったという．あるいは，室内卵は屋外卵よりも稚魚の飼育環境に一層よく馴化していたのかもしれない．

2·3　脊椎屈曲症

マダイの飼育稚魚ではしばしば高率に各種の奇型がみられる．長崎県水試増殖研[22]によれば，脊椎が背方に屈曲する例が最も多く40％にもおよぶという．発現は稚魚が 10mm をこえた頃からはじまり，100mm になるまで新たな発現がみられる．したがって，ある個体群内の発現の割合は 100mm まで一方的に増加するが，それ以上では新たな発現はない．

今のところ，これらの奇型の発現が稚魚の飼育環境とどんな関係があるかについて，はっきりした知見はない．ビタミン・ミネラル・燐など微量栄養素の欠乏によるものではないかという観点から行なわれた実験も，10mm前後での沖出しにともなう物理的衝撃ではないかという仮説に基づく実験も，いずれも概して否定的な結果であった．しかし，20〜30mm まで陸上池で飼育したのち沖出しした場合は奇型出現がいちじるしく低率だったことが注目される．同様な現象は石川県増殖試[23]によっても報告されている．脊椎屈曲症の発現率は 8〜11.3mm で沖出しした稚魚では 7〜27% であったが，19〜26mm で沖出しした稚魚では，1例を除いて 0.09〜2.1% の低率であった．山口県外海水試[24]においても 6.7〜7.7mm で沖出ししたが高率（40%）で奇型出現がみられた．

これらの知見から，脊椎屈曲その他の奇型発現の機構としてどんなことが考えられるだろうか．第一に，10mm という大きさがちょうど仔魚から稚魚への変態期にあたることである．栄養，呼吸，浸透圧調節など稚魚の生存にとって基本的な活動を含めて，各種の生理機構が仔魚型から稚魚型へ変わる移行期である．沖出し時期を遅らせると奇型発現が少ないという事実は，この時期ないしはこれまでの時期には，稚魚の感受性が強いのではないかと思わせる．沖出しは，作業にともなう物理的衝撃も含めて，稚魚にとっては多少とも環境の急変を意味する．それが稚魚の感受性の強い時期に行なわれるところに奇型発現の主要原因のひとつがあるのではないか．

第二に新たな発現が 100mm まで継続する点が注目される．脊椎骨の可塑性がその段階まで残っていることを示すもので，マダイの生活史における発育段階のひとつの区切りを暗示している．それはともかく，催奇要因は沖出しのときにだけ一時的に作用するのか，それとも新たな奇型発現期間中継続して作用しているのだろうか．沖出し後 100mm に生長するまで 2 カ月以上にもわたることから，一見継続的な要因作用を思わせる．しかし，もしそうだとすると，20〜30mm で沖出しした群の奇型発現率が極端に低い理由が納得できない．先に plaice について，親魚養成ないし卵発生期間中に作用した要因の効果が，ずっと後になって変態時に体色素の発育に出現する例をのべた．マダイにみられる各種の形態変異も，感受性の強い変態期における沖出しによる環境急変，ないしはそれ以前の卵仔魚期における不適環境の作用が，長期にわたって発現した可能性は否定できない．少なくとも，今までにえられた知見に関する限り，どちらかといえばその可能性が強いのではなかろうか．

§3. Critical period

稚魚の発育過程で起こる最も劇的な生態変化は，卵黄の吸収に伴う内部栄養から外部栄養への転換である．卵黄がなくなった稚魚は外界から餌を摂らない限り生きられない．だから稚魚が生きるか死ぬかは，そのときに十分な餌にありつけるかどうかにかかっている．古くから信じられたこの仮説は，疑問の予地ない真実を含んでいるために，やや不当に重い評価をうけたように思う．Blaxter and Hempel[25]による point of no return の概念も同じ発想にもとづいており，死亡に向っての不可逆的な状態が起こるまでの猶予期間に関するものである．

しかし，この仮説では point of no return 以前に餌が目の前にありながらそれを食べられずに死ぬ例があることを説明できない．また，ある程度摂餌したのち大量へい死することがある理由もわからない．飼育水槽中の餌は天然と違い質的に不十分かも知れない．しかし普通，量は不足していないし，少なくとも一部の個体はそれを食べて育つ．天然餌料にしても稚魚の選択の幅が広いことを考えると，単に餌のあるなしだけでは critical period における死亡の全部を説明しきれないように思う．また，critical period に必ず実際に大量へい死が起こるとは限らない．自然個体群では死亡率が卵黄吸収直後に特に高まる例はむしろ少ない[26,27,28]．飼育稚魚でも critical period における死亡率は餌以外の要因，例えばバクテリア[29]や水温[30]の管理によってもいちじるしく左右される．

Morris[30]は稚魚の発育に伴う内部構造の変化にもっと注目すべきことを主張した．彼は稚魚の生存に最も基本的な活動として摂餌，呼吸，浸透圧調節をとりあげ，それらが critical period の前後でどう変わるかを検討している．

外界から餌をとるためには，まず眼などでその存在を認め，その刺激が神経を通して筋肉に伝わり，体と口とを動かして捕えなければならない．さらに，それをのみ込み，消化し，吸収しなければならない．稚魚が生きるためには，栄養について少なくともこれだけの機能が具っている必要があり，どれか一つだけが発育不全でも，それだけで稚魚は生きられない．

発育にともなって稚魚の体が肥厚すると，外界との直接的なガス交換は次第に効率が悪くなり，遂には主にえらに機能が局在するようになるが，直接方式が成立しなくなったときにえらの機能化がうまく間に合うように保証されているわけでない．

浸透圧調節の事実は多くの卵稚魚で確認されているが，卵や開口前の仔魚における調節機構はよくわかっていない．しかしその後の段階とは違うことは確かである．だから，機構の移行時にえら，腎，腸管などが調和のとれた協同作業ができる体制になっていなければ，ほかの条件は満足されてもやはり稚魚は生きられない．

結局，critical period とは各種器官の発育が十分であったかどうかが表面に現われる時期である，と MORRIS[30]は結論している．TOETZ[18]は critical period を稚魚の行動と体組織の化学分析とから一般的に規定しようと試みた論文の中で，特定の発育段階に対してこの術語が使われ，しかもあまりにも有名になりすぎたのはむしろ不幸なことだったと述べている．卵黄吸収時の栄養の危機が強調されすぎたことで，それまでの発育がすべて危機の連続である事実が不当に軽く評価されたように思われる．要するに critical period とは本質的には稚魚の内部生理の問題であって，外囲環境はその表現型に影響すると考えるべきであろう．

§4.　共食い

飼育稚魚の環境における宿命的な人工障害は閉じこめと高密度とである．例えば，瀬戸内海のクルマエビ類卵・幼生の生息密度は多くて20尾/m^3 程度，大抵は10尾/m^3 以下である．ところが種苗生産水槽の中ではその数千倍の密度で飼育されている．plaice[15] の場合も，飼育密度は自然生息密度の1,000倍に達するという．自然ではみられない過密環境は自然では普通にはみられない現象を起こしたとしてもふしぎではない．いわゆる「共食い」がそうであろう．マダイでは眼を攻撃し，plaice では鰭にかみつき，ブリでは追いまわす．厳密には一方が他方を攻撃する「共食い行動」と，その結果として起こる攻撃された稚魚の「共食い死亡」とは別のものである．佐藤ほか[31]の観察によれば，マダイ稚魚では最小個体が 9 mmをこえると，共食い行動はみられても共食い死亡は起こらない．どの稚魚も相手の攻撃をかわすだけの遊泳能力が発達するためである．

共食いは餌が不足すると一層はげしくなるという．飼育水槽では大抵昼間に投餌するので，餌の密度は稚魚の摂餌活動が再開する明け方から朝の投餌開始までの間に最も少ない．日周的にはその間に共食いが激化するらしい．飼育密度が高い場合も共食いがはげしくなるといわれているが，このときの密度はおそらく空間に対する密度よりもむしろ餌の量に対する密度が問題なのではないかと思われる．

共食い行動において，攻撃するのは常により大型個体であり，されるのはより小型個体である．マダイでは攻撃した稚魚は 9～15mm で，された稚魚は 6～9 mmであった[31]．plaice[15] でも噛み傷のある個体の割合は一群の内の小型個体ほど多く，大型魚ほど少なくなる．また飼育途中で小型個体を分離すると，元の水槽に残した大型群では全部噛み傷があったのに，それより高密度になった分離小型群ではむしろ低率だった．つまり単に過密のせいばかりでなく，同棲個体間の大きさの違いがより基本的な問題らしい．高知県水試[32]の実験によれば，ブリ稚魚の大きさを14～18mm の間に揃えると共食い死亡は起こらなかった．一方，10～18.5mm 個体の混合飼育では 1 日当り 5～6 %の割で共食い死亡がみられた．

これらの知見から共食い行動についてどんなことが考えられるだろうか．第一に違った発育段階にある個体間の行動上の干渉作用であるという見方ができるだろう．マダイの共食い死亡がみられるのは仔魚期の個体が稚魚期の個体と混在する間だけであるという事実がひとつの根拠である．しかし，それでは変態後の稚魚相互間の共食い行動が説明できない．一説によれば，適者による不適者の淘汰であるという．そうすることで，結果的にはより幅広い環境適応能力を具えた種族を維持しようとする傾向があるのだろうか．また，一方では社会的順位制反応だという見方がある．そうだとすれば，閉じこめられた過密状態において頻発し，餌が不足すると一層激化する理由も比較的理解しやすい．

もし順位制反応だとすれば，攻撃された稚魚が傷ついたり死んだりするかどうかは別として，自然環境でも起こりうるだろうと想像される．やはり大が小を攻撃するとすれば，おのずから大は大同士，小は小同士のむれを作ることになるだろう．海の中のマダイ稚魚のむれがほぼ似通った大きさ別になる機構は案外こんなところにあるのかも知れない．しかし，そうすることが環境との関係において種族の繁栄にどんな利点があるのか．魚類の集群性は基本的には捕食者に対する防御機構とみなされている．むれを作ることで被食者の単位数を少なくし，捕食者との遭遇の機会を減らす効果があるという[33]．しかしこれだけではなぜ同じような大きさの稚魚同士でむれを作らなければならないのかという問題の説明にはならない．

文献

1) 平野礼次郎：海産魚とくにクロダイの種苗生産．化学と生物 8（6），345〜350(1970)．

2) 原田輝雄：環境と成熟産卵—海産魚，日水学会編，魚類の成熟と産卵．66〜74，恒星社厚生閣，東京（1974)．

3) P. Solemdal : The effect of salinity on bouyancy, size and development of flounder eggs. *Sarsia*, **29**, 431〜442 (1967).

4) O. Kinne : Irreversible non-genetic adaptation. *Comp. Biochem. Physiol.*, **5**, 265〜282 (1962).

5) A. B. Bowers : Marine fish culture in Britain VI. The effect of the acclimatization of adult plaice to pond conditions on the viavility of eggs and larvae. *J.Cons.*, **30**, 196〜203 (1966).

6) 久保伊津男・吉原友吉：水産資源学，345頁，共立出版，東京（1957)．

7) J. H. S. Blaxter : Development. eggs and larvae. In *"Fish Physiology"*, W. S. Hoar and D. J. Randall, ed., Vol. **3**, 177〜252, Academic Press, New York and London (1969).

8) A. V. Taning : Experimental study of meristic characters in fishes. *Biol. Rev.*, **27**, 169〜193 (1952).

9) G. HEMPEL and J. H. S. BLAXTER : The experimental modification of meristic characters in herring (*Clupea harengus* L.). *J. Cons.*, **26**, 336～346 (1961).

10) M. L. GABRIEL : Factors affecting the number and form of vertebrae in *Fundulus heterociltus*. *J. Exptl. Zool.*, **95**, 105～147 (1944).

11) C. C. LINDSEY and M. Y. ALI : The effect of alternating temperature on vertebral count in the medaka (*Oryzias latipes*). *Can. J. Zool.*, **D43**, 99～104 (1965).

12) G. W. BARLOW : Causes and significance of morphological variation in fishes. *Systematic Zool.*, **10**, 105～117 (1961).

13) A. DANNEVIG : Is the number of vertebrae in the cod influenced by light or high temperature during the early stages? *J. Cons.*, **7**, 60～62 (1932).

14) C. M. MOTTLEY : The effect of temperature on the number of scale in trout. *Science*, N. S. **74**, 316 (1931).

15) J. E. SHELBOURNE : population effects on the survival, growth and pigment of tank-reared plaice larvae, in "*Sea Fisheries Research*" (F. R. HARDEN JONES, ed)., 357～377. Elek Science, London (1974).

16) 沖山宗雄：ヒラメ初期生活史に関する研究―Ⅱ．稚魚期の形態および近縁種との比較，日水研報，**25**，39～61 (1974).

17) 倉田博：荒崎近海産エビ類の幼生―Ⅳ．Palaemomnae．東海水研報，**56**，143～159 (1968).

18) D. W. TOEZ : The change from endogeneous to exogeneous sources of energy in bluegill sunfish larvae. *Invest. Indiana Lakes &Streams*, **7**, 115～146 (1966).

19) A. DANNEVIG and S. HANSEN : Faktorerav betydning for fiskeeggenes og fiskeyngelens oppvekst. *Fisk. Skr. Havundersøk.*, **10**, 1～36 (1952).

20) J. S. RYLAND : Observations on the development of larvae of the plaice, *Pleuronectes Platessa* L. in aquaria. *J. Cons.*, **30**, 177～195 (1966).

21) J. E. SHELBOURNE : The artificial propagation of marine fish, in "*Advances in Marine Biology*" (F. S. RASSELL, ed.), Vol. **2**, 1～83. Academic Press, London and N. Y. (1964)

22) 長崎県水産試験場増殖研究所：人工採苗マダイの奇形原因の究明と防除に関する研究―Ⅰ（中間報告）．31頁（謄写刷）(1974).

23) 石川県増殖試験場：昭和49年度日本海栽培漁業事業．種苗生産技術開発試験中間報告書，29頁（謄写刷）．(1974).

24) 山口県外海水産試験場：種苗量産技術開発事業報告書（マダイ）．21頁（謄写刷）(1974).

25) J. H. S. BLAXTER and G. HEMPEL : The influence of egg size on herring larvae (*Clupea harengus* L.). *J. Cons.*, **28**, 211～240 (1963).

26) J. C. MARR : The "critical period" in the early life history of marine fishes. *J. Cons.*, **31**, 160～170 (1956).

27) D. A. FARRIS : The effect of three different types of growth curves on

estimates of larval fish survival. *J. Cons.*, **25**, 294～306 (1960).

28) D. Harding : The biology of fish larvae with particular reference to the plaice (*Pleuronectes platessa*, Linn.), in "*Sea Fisheries Research*" (F. R. Harden Jones, ed.), 55～66, Elek Science, London (1974).

29) J. E. Shelbourne : A marine fish-rearing experiment using anti-biotics. *Nature*, **198**, 74～75 (1963).

30) R. W. Morris : Some aspects of the problem of rearing marine fishes. *Bull. Inst. Oceanog.*, **1082**, 1～61 (1956).

31) 佐藤正明・伏見徹・増村和彦：マダイ仔魚期の飼育管理技術の向上．浅海域における増養殖漁場の開発に関する総合研究(備後灘)，昭和47年度研究成果，266～282 (1973).

32) 高知県水産試験場：昭和49年度指定調査研究総合助成事業．ブリ種苗生産研究中間報告書，29頁 (謄写刷) (1974).

33) V. E. Brock and R. H. Riffenburgh : Fish schooling. A possible factor in reducing predation. *J. Cons.*, **25**, 307～317 (1956).

〔付議〕 飼育環境の管理

千 葉 健 治*

水族を飼育する上で，水族のおかれている環境がその摂餌・成長更には生産に影響を与えるということは一般にいわれているところである．とりわけ水質環境は水族を直接とりまいているだけに，その影響は大きいものであろうと思われる．よく「水質の悪化により」という言葉が使用されるが，実際にはどのような水質がどのような作用機序で水族の摂餌・成長等に関与するのかほとんど明らかになっていないのが現状である．

種苗生産を行なう場合にも当然水質等の管理がなされていると考えられるが，筆者は仔魚・稚魚を対象とした飼育の経験がないので，養魚場での調査及び諸実験の結果についてその知見を述べて参考に供すると共に，種苗生産の場合それらがどのように管理されているかという問題を提起することによって討論者としての責を果したいと考える．

養魚形式には種々あるが，水の動きを中心とすれば，流水方式と止水方式とに大別できる．これらの2方式では酸素補給・排泄物除去の方法が全く異なっている．更にこの酸素補給・排泄物除去の点で流水・止水いずれの方式とも異なる養魚方式として循環沪過方式がある．そこで，これら3方式について環境要因と摂餌・成長との関連性の解析を試みた例を幾つかあげて参考に供する．

流水方式　流水式で養殖の行なわれているのは内水面のニジマス・アユ・コイなどである．

白旗[1)]は山形県荷口の養鱒場を調査し，下流ほど出荷のピークが遅れる．すなわち成長が遅れる．下流では pH・溶存酸素量の低下，遊離炭酸・NH_4-N,

* 東京大学農学部付属水産実験所

NO_2-N，PO_4-P，アルカリ度などの増加がある．溶存酸素が 3ml/l 以下ではニジマスは慢性的な鼻あげ状態を示し，給餌制限をしなければならなくなる．しかしながら NH_4-N が 0.5mg/l あっても，溶存酸素が多ければ赤血球抵抗値には異常がないこと等をみている．そして成長の遅れを惹起す要因は溶存酸素であろうとしている．

野村[2]は 5m^2 のコンクリート水槽でニジマスを飼育した場合，1トンの魚あたり毎秒 14l 以下の注水量では摂餌率，増重率，餌料効率の低下があり，また1トンの魚あたり，毎秒 25l の注水量では密度が 14.4kg/m^2 以上になると増重率の減少，すなわち密度効果があり，結局，魚の収容量に対する注水量が摂餌・成長に最も大きな影響を与える要因であって，その際，排水部の溶存酸素が 2ml/l 以下では体重の減少を，4〜4.5ml/l 以上ではほぼ一定の増重率を示したとしている．

筆者[3,4]は群馬県を中心として流水養鯉池の調査を行ない，ニジマス同様下流域では溶存酸素，pH の低下，NH_4-N，NO_2-N，PO_4-P，アルカリ度，遊離炭酸の増加をみた．下流域の池では時には成長の遅れがみられたが，それは夏期高水温時の餌付不良によるものであり，餌付不良は水質の分析結果からみて排泄物等の蓄積によるものというよりは溶存酸素の低下に主たる原因があるものと推察した．

このように養魚場の調査結果からは，流水方式の養殖では溶存酸素が重要な要因であると考えられる．

個々の水質要因をとりあげ実験的にその影響を確かめた例は比較的少ない．

溶存酸素については Hermann *et al*[5] の coho salmon, Nelson E. S. *et al*[6] の largemouth bass，筆者のコイ[7]，アユ[8]，ヘダイ[9]及びボラ[10]などの例がある．coho salmon 及び largemouth bass では 4mg/l 以下で，コイ，アユ，ヘダイ及びボラではいずれもほぼ 50 %以下では酸素の減少と共に食欲及び成長の低下がみられた．また排泄物に関しては Yashov[11]，川本[12,13]等の成長阻害についての報告がある，筆者はヘダイを用いて排泄物について実験を行なった．すなわち，10個の水槽を5個ずつ2列に連続し，それぞれA列及びB列とし，A列のみは各水槽に十分な通気を行なった．各列の一方の端の水槽に海水を注水し流水式でヘダイを飼育した．いずれの列でも下流部の水槽ほど排泄物は多い筈で，NH_4-Nの濃度は下流ほど増加していた．図3・1に示すように，B列では下流の水槽ほど増重率の低下が認められ，一見 NH_4-N と，すなわち排泄物と関連があるように見られるが，通気を行なっているA列では NH_4-N の増加にもかかわらず，下流部でも成長の低下は認められていない．溶存酸素と増重率との関係をみた場合には，図3・2に示すようにＡＢ２列を通じ両者に密接な関係を認めることができた．この結果からみて NH_4-N として 1.4 ppm　程度を示す排泄物よりは，溶存酸素の低下の方がより影響が大きいものと考えられる．

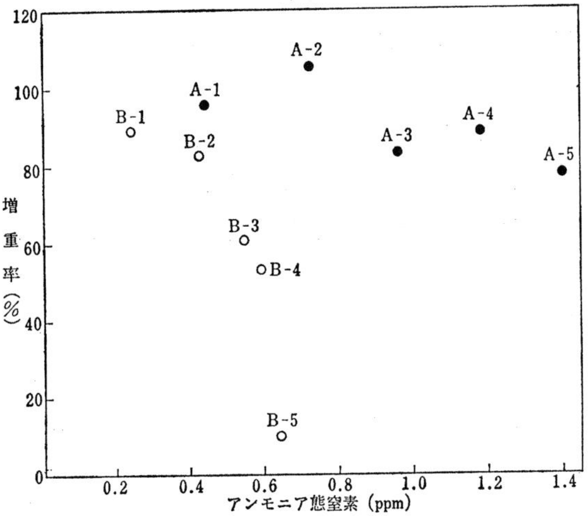

図 3・1　アンモニア態窒素と増重率の関係
図中のアルファベットは列を，数字は水槽を示す．数字の多いほど下流に位置する．増重率は6週間の増重量の初期体重に対する割合で示した．各水槽のアンモニア態窒素量は飼育期間中の測定値の平均値を用いた．

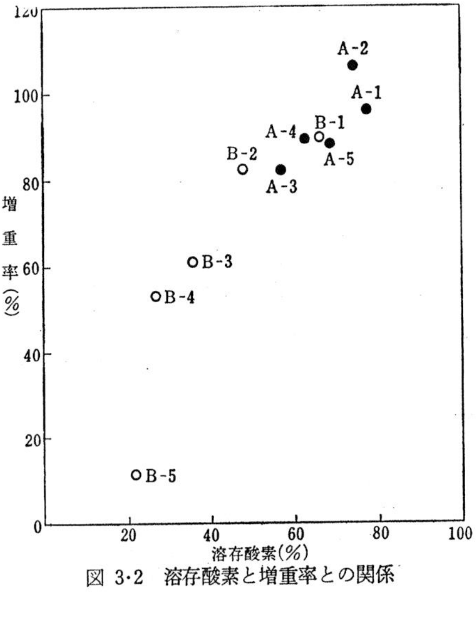

図 3・2　溶存酸素と増重率との関係

空間効果・密度効果など水質以外にも影響を与える要因は数多くあると考えられるが，水質に限っていえば，水温・塩分等を除けば溶存酸素が基本的に重要な要因であるといえよう．では溶存酸素が十分あればどの程度の NH_4-N 等排泄物の蓄積があっても影響ないかという点については更に今後の検討が必要である．

止水方式　コイ・ウナギなどの養殖は止水の形式をとるのが普通である．止水池はその環境が閉鎖的で新鮮な水の流入はほとんどないため，魚の排泄物は蓄積し，残餌・糞・動植物プランクトンの死骸の分解がある一方，植物プランクトンの濃密な増殖があり，その水質は流水池に比べ著しく複雑に変動する．

現在まで，止水池の水質変動に関する研究は少なく，その変動の予測は不可能に近い．またこのような水質と魚の摂餌・成長及び生産との関連性の解明を試みた研究も例が少なく，水質が魚に与える影響もほとんど明らかになっていない．したがって止水養魚池の水質管理はほとんどできないのが現状で，養魚

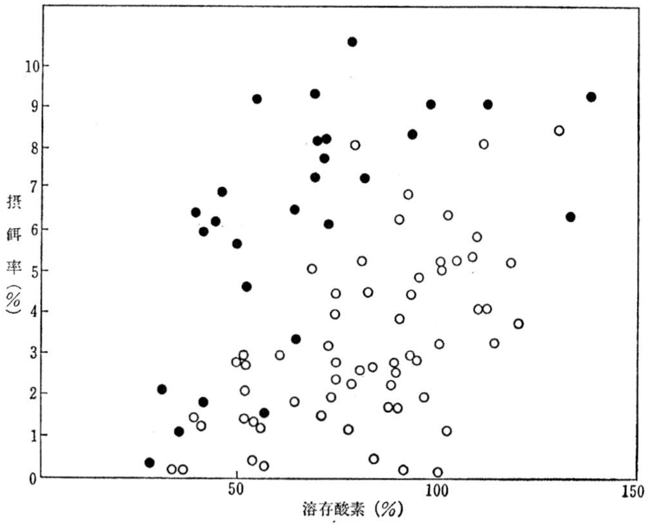

図 3·3　溶存酸素とウナギの摂餌率との関係
摂餌率は AM. 9.00～9.30 の30分間の摂餌量から算出し，溶存酸素は摂餌中に採水，測定した値を示した．　○，●：それぞれ水槽1，2を示す．

家も単にカンと経験に頼るにすぎない．

水質と摂餌との関連を検討した研究の一例として，筆者が $32m^2$ のコンクリート水槽でウナギを飼育した実験の結果[14)]を紹介する．これによればウナギの摂餌量は日々比較的大きく変動するが分析を行なった水質の各項目と摂餌率との関連をみても，水温と多少の関連を認めることができる程度で，いずれの項目とも明確な関連を認めることは困難であった．例えば，溶存酸素についていえば図3･3に示すように特に溶存酸素の低い時に摂餌率が低くなることがあるが，時には高い値をとることもあり，また溶存酸素の高い時には必ず高い摂餌率を示すとは限らない．NH_4-N についても同様のことがいえ，NH_4-N の高濃度の場合でも必ず低い摂餌率を示すということはない．したがってある水質項目の絶対値によって摂餌率が決定されるということはなかった．しかしながら急激な摂餌率の低下の見られる場合，特に前日又は前々日に対する摂餌率が30%以上低下する場合を「摂餌不良」として水質との関連性を検討すると，摂餌不良となるのは以下に列挙する水質の時に多いように考えられた．但し摂餌は9時～9時30分の間の自由食，水質は同時刻の水質である．

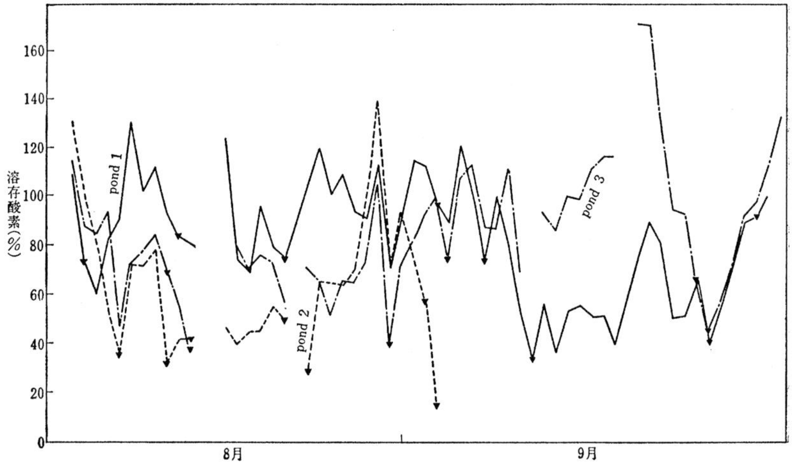

図 3･4 飼育期間中の溶存酸素量の変動
水槽No.1，No.2およびNo.3について，AM．9.00～9.30 の間に測定した溶存酸素量の変動を示してある．図中の▼は摂餌不良の認められたことを示す．

(1) 溶存酸素が40%以下である時（図 3·4）.

(2) 溶存酸素が高くとも，日々減少の傾向にある時（図 3·4）.

(3) NH_4-N が増加傾向にある時（図 3·5）.

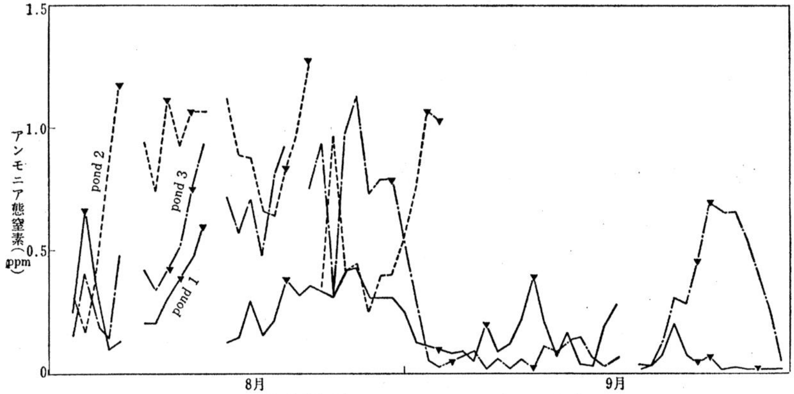

図 3·5　飼育期間中のアンモニア態窒素量の変動
水槽 No.1，No.2およびNo.3について，AM. 9.00〜9.30の間に採水，測定したアンモニア態窒素量の変動を示した．図中の▼は摂餌不良の認められたことを示す．

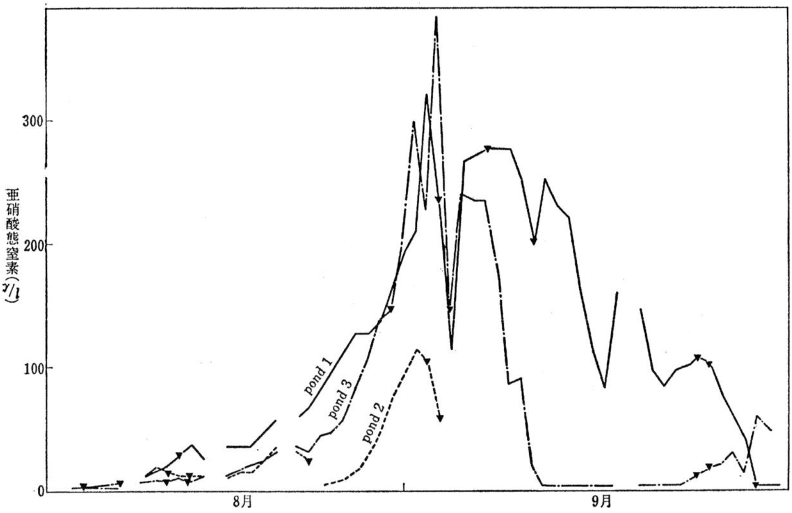

図 3·6　飼育期間中の亜硝酸態窒素量の変動
水槽 No.1，No.2およびNo.3についてAM. 9.00〜9.30の間に採水，測定した亜硝酸態窒素量の変動を示した．図中の▼は摂餌不良の認められたことを示す．

(4) NO_2-N が急激な増加または減少を示す時（図 3·6）.

(5) 透明度が高くなる傾向のある時.

結局，溶存酸素の低い時及び N-化合物の変動の多い状態では摂餌不良がおきやすいということができるように思われた．その他植物プランクトンの光合成能，池水のBOD，池水の紫外部の吸光曲線，酸化還元電位，池水の泡立ちの程度なども測定したが，摂餌との密接な関連は認められなかった．

以上のように，止水池では魚類の摂餌は水質との間の単純な因果関係によって支配されているとは考えられなかった．その解明が十分でない理由としては，(1)通常測定されていない要因が摂餌不良の原因となっている，(2)単独の要因でなく幾つかの要因が複合して初めて原因となる，(3)原因は一つの要因によるものでなく，他にも種々原因となる要因があるなどのことが考えられる．

摂餌と水質との関連性の解明のためには，今後現場での詳細な観測と個々の要因の魚類に及ぼす影響を実験的に検討し，それらについての知識が集積される必要があろう．

循環沪過方式　撒布沪床型，砕石曝気型の沪過槽を用い飼育水を沪過循環して使用することは古くから水族館で利用されている．この方式が養魚に試みられたのは 1962 年頃からで，現在一部でシラスウナギの飼育に用いられている．この方式の基本は魚の排泄物を沪過槽を通すことにより無害化しようとするもので，魚の主たる排泄物である NH_4-N は NO_2-N から NO_3-N まで酸化される．佐伯[15]は魚の窒素排泄量と沪砂の NH_4-N 酸化速度からその設計基準を示した．観賞の目的で魚を飼育する場合は収容量も少なく，特に増重させる必要もないため与えられる餌も少なく，比較的良好な状態で飼育の行なわれることが多い．しかしながら養殖を試みた例では佐伯・青江[16]のコイの場合を除いて成功例はきわめて少ない．観賞用，養殖用いずれにしても，この方式で魚を飼育した場合の飼育水の水質と飼育魚の摂餌・成長との関連の解明を目的とした研究報告は見当らないため，筆者がアユを循環沪過方式で飼育した例をここに紹介する．

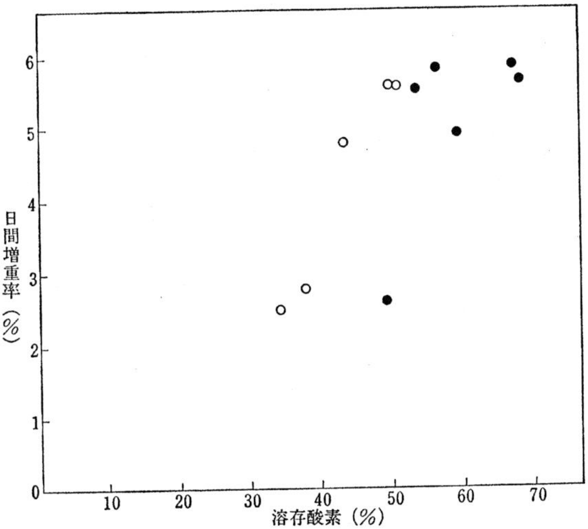

図 3·7　循環沪過式水槽中における溶存酸素と日間増重率との関係

溶存酸素は毎日AM. 9.00～9.30に採水・測定された値の飼育期間中の平均値を示し，日間増重率は増重量の放養時体重に対す割合を飼育日数で除した値で示してある．•，∘ はそれぞれ前期3週間，後期3週間の値を示す．

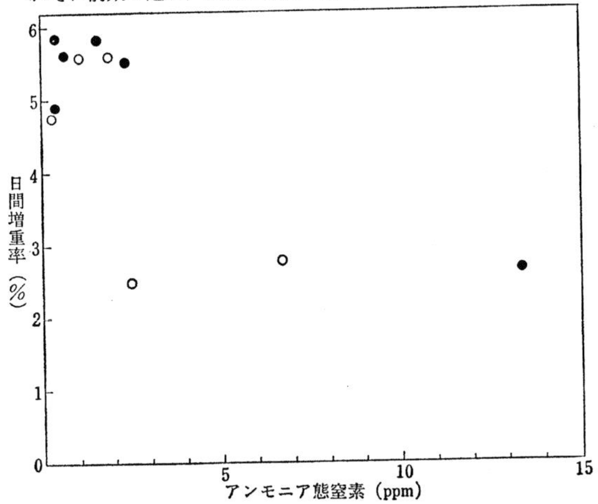

図 3·8　循環沪過式水槽中におけるアンモニア態窒素と日間増重率との関係．記号は図 3·7 と同じ．

平均体重 5.2g の海産稚アユ各800尾を，6.6m² の水槽6面に収容し，ビニロックフィルターを沪材とし循環水量毎分約20l で，6週間飼育を行なった．6面中5面にはそれぞれ，3，6，12，24及び48時間で換水するように井水の注水を行ない，他の1面には注水を行なわず完全な循環沪過方式とした．詳細については別の機会にゆづり，ここでは結果についてのみ記す．まず注水量との関係では，12時間以内で換水する場合には増重率にほとんど差がなく，24時間以上では特に飼育の後半期に増重率の低下が認められ，注水を行なわない場合が最も成長が劣った．水質との関連では，増重率と高い相関の認められた要因は溶存酸素，NH_4-N および COD であった．それそれの関係を図3・7，3・8，および3・9に示した．これらの図から明らかなように，飼育期間中の平均 NH_4-N 2.5ppm 以上，平均 COD 3.5ppm 以上，平均溶存酸素50%以下で増重率のいちじるしい低下が認められた．また，これらの要因相互の間では NH_4-N と COD とは正の相関，溶存酸素と COD，溶存酸素と NH_4-N とはそれぞれ負の相関が認められた．

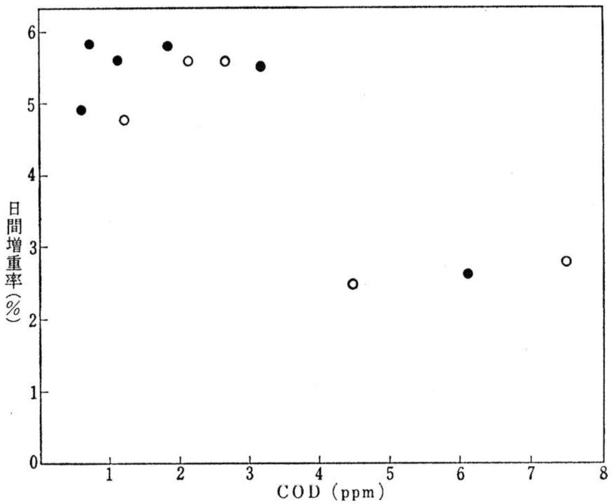

図 3・9 循環沪過式水槽中におけるCODと日間増重率との関係．記号は図3・7と同じ

この結果だけからは増重を阻害している要因が溶存酸素，COD，NH_4-N のいずれであるのか，又は別に何等かの原因が存在するのかは明らかにならない．しかしながら溶存酸素50%以下の水槽で特に増重が劣っていたことは，アユの成長と溶存酸素との関係[8)]からみて，この場合も溶存酸素の影響が大きかったものと思われる．

今後は，溶存酸素を50%以上に保った場合，COD 又は NH_4-N がどの程度存在しても健在な成長が期待できるかが検討されるべき問題となろう．

以上，流水，止水及び循環沪過の各方式について若干の例を挙げて，摂餌・成長の面から水質との関連性を検討し，いずれの場合でも溶存酸素は重要であるが，溶存酸素のみでなく他要因も一層の検討が必要であることを述べた．

結局，冒頭に述べたように養魚の場合でも，何が摂餌や成長に影響を与えるのかほとんど解明されていないというのが現状で，今後は環境要因を十分に整理し，通常測定されていない要因にも注目し，ある特定の時点のみでなく経時的な観測を実施すべきであると考える．一方水質要因相互の関連性の把握を行ない，各方式における水質の変動パターンを明らかにすることが水質管理の上でぜひとも必要である．また魚の生理状態を指標として水質環境の適否を判断する等の方法を試みることも一法ではないかと考えられる．

従来の勘と経験に頼る養魚技術を科学性あるものとするためには，魚類の栄養要求及び疾病の予防・治療等について十分明らかにすると同時に環境については環境の適否の判断及び好適環境の維持が人為的に可能にならなくてはならない．これは種苗生産の場合も全く同様のことがいい得る．今後これらの点について一層の努力が払われるべきであると考えられる．

文　　献

1) 白旗総一郎：食用マスの生産に於ける水質の問題．長崎大学水産学部研報，**17**，68～82（1964）．

2) 野村　稔：流水池の生産力と注水量，密度効果との関係について．第26回養鱒部会要録，29～35（1969）．

3) 千葉健治：流水養鯉に関する研究－Ⅰ．淡水研報，**15**(1)，13～33（1965）．

4) 千葉健治：流水養鯉に関する研究－Ⅳ．同誌，**21**(1)，59～68（1971）．

5) R. B. Herrmann *et al.*：Influence of oxygen concentration on the growth of juvenile coho salmon. *Trans. Amer. Fish. Soc.*, **91**(2), 155～167（1962）．

6) E. S. Nelson *et al.*：Influence of oxygen concentration on the growth of juvenile largemouth bass. *J. Fish. Res. Bd. Canada*, **24**(3), 475～494(1967)．

7) 千葉健治：コイ稚魚の成長に及ぼす溶存酸素の影響について．淡水研報，**15**(1), 35～47（1965）．

8) 千葉健治：アユの成長に及ぼす溶存酸素の影響について．昭和49年日本水産学会秋季大会講演要旨，58（1973）．

9) 千葉健治：ヘダイの成長に及ぼす溶存酸素の影響について．昭和48年日本水産学会秋季大会講演要旨，62（1972）．

10) 千葉健治：ボラの成長に及ぼす溶存酸素の影響について．昭和49年日本水産学会春季大会講演要旨，99（1973）．

11) A. Yashov：The excreta of carp as a growth limiting factor. *Bamigeh*, **10**(4), 90～95（1958）．

12) 川本信之：集約的養魚池の養魚生産量について，水産学集成，717～720，東大出版会，東京．（1957）．

13) 川本信之：魚類生理からみた淡水養殖－Ⅰ. *Rept. Fae. Fish. Pref. Univ. of Mie*, 3 (1), 104～121 (1958).

14) 千葉健治：止水池におけるウナギの餌付きと水質との関係．昭和46年日本水産学会春季大会講演要旨，34（1971）．

15) 佐伯有常：魚介類の循環沪過式飼育法の研究　基礎理論と設計基準．日水誌，**23**（11），684～695（1958）．

16) 佐伯有常・青江弘：コイの1トン飼育装置とこれによる養殖例．水増臨時号1，13～28（1962）．

4. 餌　　料

伏見　徹*

海産魚のうち種苗生産が量的に可能な魚種の一つマダイについては，栽培漁業協会をはじめ多くの研究機関で種苗生産技術の開発が行なわれ，10mmサイズ放流種苗は一機関で100万尾に近い生産が可能となっている．また，5～10 cm サイズ養殖用種苗も数十万尾生産されるようになっている．

ここでは，技術開発が進み，他の魚種の種苗生産の基礎となるマダイを中心に種苗生産に使用されている餌料の餌料効果，及び餌料のもつ問題点について述べ，また，種苗生産が大量化に進んでいる現在，それに必要な餌の量についての検討を試みたい．

§1　餌料の種類と使用現状

マダイ種苗生産，及びその技術開発の中心機関である栽培漁業協会[1)]，熊本水試[2)]，長崎水試[3)]，及び広島水試[4)]で近年使用されている餌料の種類，及びその給餌期間は図4･1に示すとおりで，ふ化から1か月間のほぼ仔魚期に相当する飼育は，シオミズツボワムシ (*Brachionus plicatilis*)，ブラインシュリンプ (*Artemia salina*) 及び天然採集の動物プランクトン（主組成は橈脚類プランクトン）などの生物餌料（生き餌）が使用されている．

長崎水試，熊本水試ではこの仔魚期の飼育餌料に量的培養が可能なシオミズツボワムシを主体とし餌料種類の簡略化を計っている．栽培漁業協会では，シオミズツボワムシ，及び橈脚類プランクトンの量の不足を補足するため市販のアユ仔魚用配合飼料，凍結ワムシ，フジツボのノープリウス，及びブラインシュリンプを使用している．

* 広島県水産試験場

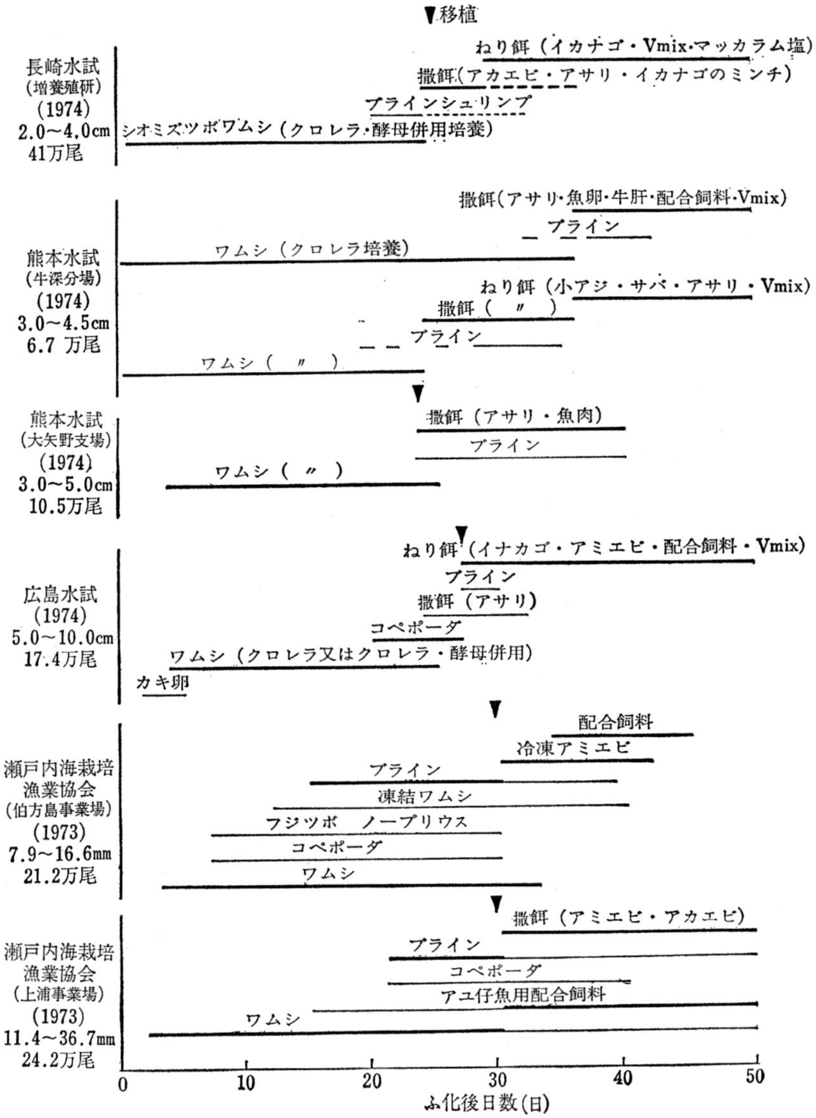

図 4·1 各地でのマダイ種苗生産用餌料種

ふ化後1か月以降の 10mm 以上の稚魚は，水に浮遊する生物餌料でない魚貝類のミンチ肉（死餌）を摂餌するようになる．この時期になると各機関では陸上飼育槽から海面網生簀(沖出し)，又は大型の野外飼育池へ移し飼育密度の調整を行ない共食いによる減耗の対策とし，更に死餌による水質悪化に対処している．この移殖前後の使用餌料は，広島水試，長崎水試では沖出し後の再餌付けの向上と共食いによる食害防止のため短期間ブラインシュリンプを使い，これに懸垂性が強く摂餌されやすいアサリミンチに代表される魚貝類をミンチにして併用している．

沖出し移殖後の使用餌料は，各水試では魚貝類にハルバー処方のビタミン混合剤を添加してペースト状に加工したねり餌が使用され，協会においては粉末配合飼料やアミエビをミンチにした餌を撒餌とし，シオミズツボワムシ，橈脚類プランクトンなどの生き餌と併用している．

現在のマダイ種苗生産の使用餌料の傾向は，水試では成長に応じた有効餌料の単一化が，協会では多種類の餌料を併用することで単独種餌料の使用により生じる量，及び質の問題に対処している．

種苗生産用餌料として平野ら[5]が指摘した有効性と大量入手の点で問題となるのは，沖出し移殖までの主として仔魚期餌料で，これについて最近の報告を中心に以下で検討を加えたい．移殖後に使用する魚貝類のミンチ肉，及びねり餌については問題が少ないので省略する．

1·1　生物餌料（生き餌）

1·1·1　餌付け餌料としてのカキ幼生　従来，マダイ種苗生産の初期餌料は二枚貝のトロコホアー幼生，特にマガキのそれが一般的に使用されていたが，生産尾数の増加にともない親貝の入手，人工授精作業，及び受精卵の管理などの作業が人手を多く要するため省略の傾向にあり，現在では図4·1のとおり広島水試を除き使用されず，餌付け時からシオミズツボワムシが使用されている．

ここで，カキのトロコホアー幼生がマダイ仔魚の餌付け餌料として必要か否かをシオミズツボワムシと比較した結果を図4·2に示した．

カキ幼生単独給餌で飼育水にクロレラ無添加区は，ふ化後71時間でカキ幼生が摂餌された．また，カキ幼生単独給餌で飼育水にクロレラ添加区は74時間で

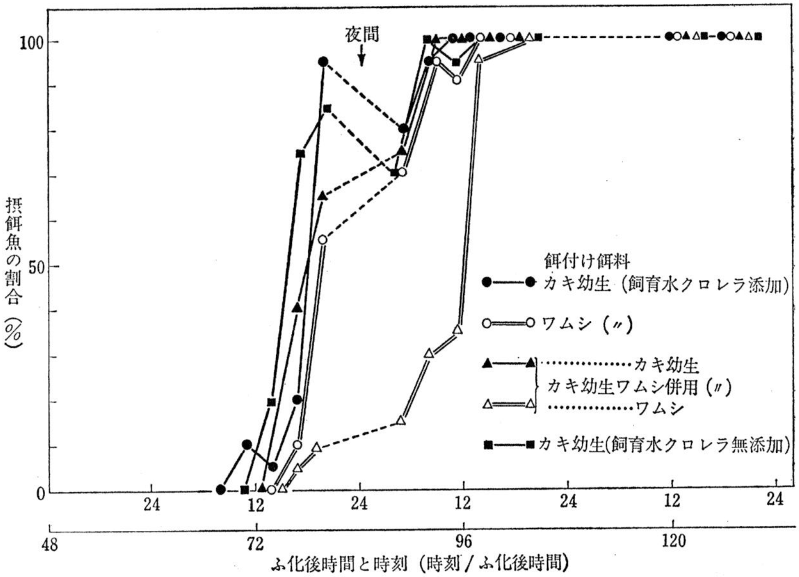

図 4·2　餌付け餌料と摂餌開始時間

カキ幼生の摂餌を確認した．一方，カキ幼生とシオミズツボワムシ併用給餌区，及びシオミズツボワムシ単独給餌区でのシオミズツボワムシの摂餌は，ふ化後77時間から始まっている．以上の結果，カキ幼生とシオミズツボワムシのマダイふ化仔魚に摂餌される時間差は3～6時間であることが分かる．この程度の摂餌時間差は福原[6]の報告からして，その後の仔魚の生残に影響する時間差とは思われない．逆に，カキ幼生とシオミズツボワムシ併用の餌付けはふ化仔魚のカキ幼生への摂餌選択性が強く働き，シオミズツボワムシのみの餌付けと比較し全部の仔魚がシオミズツボワムシを摂餌するのが約1日遅れることが問題と思われる．

餌付け餌料としてのカキ幼生と，シオミズツボワムシとの差が成長に及ぼす影響は図4·3のとおりで，ふ化後6日の時点では餌付け餌料による成長差は少なく，シオミズツボワムシを餌付け時より使用した場合が平均全長で 0.1mm

ほどよい．

以上の結果，餌付けにカキ幼生を使用せずシオミズツボワムシを使用しても摂餌開始，及び成長に大きな差は生ぜず，生産過程の省力化を計るためには餌付け時よりシオミズツボワムシを使用するのが有利と思われる．

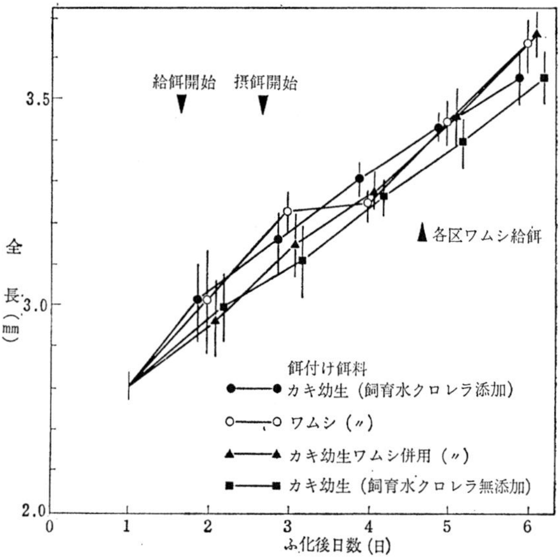

図 4·3　餌付け餌料と成長

1·1·2　シオミズツボワムシ　シオミズツボワムシ（以下ワムシと略記）は海水馴致クロレラを餌として培養でき，仔魚期の生物餌料としてなくてはならない餌料である．近年，パン酵母，海洋酵母などのイーストを使用しての培養技術が開発され，クロレラを餌としての培養では40～60個/ccであったが，イーストを使用すると 400～600個/cc の培養が可能となった．そして，種苗生産の大量化に対応してワムシの培養にはイーストを使用することが普及した．しかし，熊本水試[7] はマダイ仔魚飼育水にクロレラ無添加では，イーストで培養したワムシ（以下イーストワムシとする）を仔魚に与えると6～8日で刺激への反応が緩慢となり，9～10日で腹部がいちじるしく膨満し死亡が増加することを観察し，広島水試も同様なことをみている．

このように餌料として質的に問題のあるイーストワムシを有効に使用する方法として，熊本水試[2] は飼育水にクロレラを添加し，クロレラを摂餌したワムシを仔魚が捕食するという方法でイーストワムシを直接稚仔魚に与えて飼育するよりよい生残率を得ている．また，長崎水試[3] はワムシを200トン槽でクロレラとイーストの併用で培養を行ない，このワムシを熊本水試と同様な方法で給餌し，135万尾の9～13mm 稚魚を生産した．広島水試[4] はイーストワムシを2日間クロレラ培養液中で再培養後に 8.15mm 稚仔魚に与える餌料試験を他の餌料と併せ行ない表4·1の結果を得た．10日間給餌後の取揚げ時にイース

表 4·1 アサリミンチ，イーストワムシ，及び橈脚類プランクトンの餌料効果

餌の種類	給餌日数	放養時			取揚時			歩留(%)	成長倍率		給餌量(g)	取揚げ翌日までの死亡	
		尾数	全長(mm)	体重(mg)	尾数	全長(mm)	体重(mg)		全長	体重		尾数	率(%)
アサリミンチ	10	1,000	8.54	6.0	361	12.1	16.8	36.1	1.4	2.8	766.8	—	—
イーストワムシ	10	〃	〃	〃	692	14.3	45.9	69.2	1.7	7.6	307.3	242	35.0
イーストワムシをクロレラで再培養	10	〃	〃	〃	569	14.5	44.4	56.9	1.7	7.3	307.3	103	18.1
橈脚類プランクトン	10	〃	〃	〃	648	20.3	109.4	64.8	2.4	18.1	305.2	0	0

トワムシ給餌区は全部の魚が虚弱で横転し遊泳力がなく翌日までに取揚げ魚の35%が死亡したが，クロレラで再培養のワムシ給餌区はイーストワムシ給餌区より活力があり横転魚も少なく，翌日までの死亡魚は18.1%であった．このことよりクロレラでイーストワムシを再培養するとイーストワムシの餌料としての栄養欠陥はある程度改善されることを確かめた．

以上の結果，イーストワムシは生物餌料としてその栄養面で問題があると考えられるが，量の確保のためには使用せずにはおれないのが現状である．このため，その使用の方法としては，培養時のクロレラの併用，飼育池へのクロレラ添加，又は培養後クロレラで再培養を行なう必要がある．今後，イーストワムシの栄養面の研究によりクロレラで培養したと同様な有効餌料となる培養法の開発を望みたい．

1·1·3 ブラインシュリンプ　ブラインシュリンプ（以下ブラインと略記）はその耐久卵が長期保存できる缶詰で市販され，必要時必要量をふ化し生き餌が得られる便利さのため使用されている．しかし，この餌料は，マダイ稚仔魚に単独で使用すると図4·4のとおり7日頃から死亡が始まり，数日間で急激な死亡を招く[8,9]．しかし，この餌料もチグリオパス（*Tigriopus japonicus*）などの有効餌料と併用すると図4·5のとおり，成長もよく，生残でもチグリオパ

ス単独給餌の高い値に近づく結果が得られている[10]．現在のブラインの使用は図4•1に示したとおり，短期間か，又は他の餌料との併用が行なわれている．

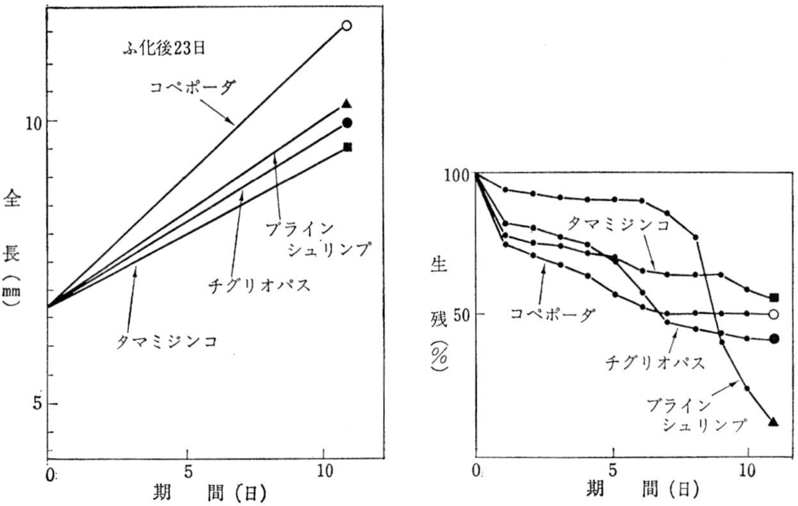

図 4•4　生物餌料の比較

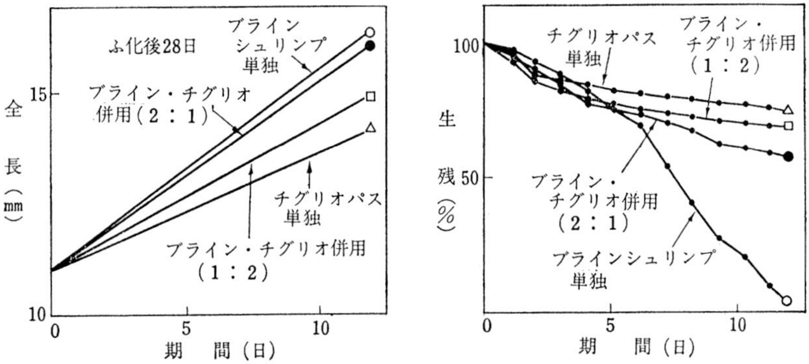

図 4•5　ブラインシュリンプとチグリオパスの併用

1•1•4　橈脚類プランクトン　各機関で使用されている天然採集のプランクトンはその組成からみて図4•6で示すとおりアカルチャ（*Acartia* sp.），パラカラヌス（*Paracalanus* sp.），及びオイソナ（*Oithona* sp.）などの橈脚類で他はフジツボ類の幼生，及び海産枝角類である．このプランクトンは図4·4の餌料試験結果のとおり，仔魚期から稚魚期に移行する7mm サイズ以上の稚仔魚の餌料として非常に有効な餌料である[8,9]．現在，この採集は，夜間に海面，又は水中に灯火照明し，これに集まる個体をポンプで吸い上げたり，潮流を利用して大型プランクトンネットで採集している．広島水試地先でのマダイ種苗生産期の調査では，200W 水中灯1基の採集量は図4·6のとおりで，湿重量で

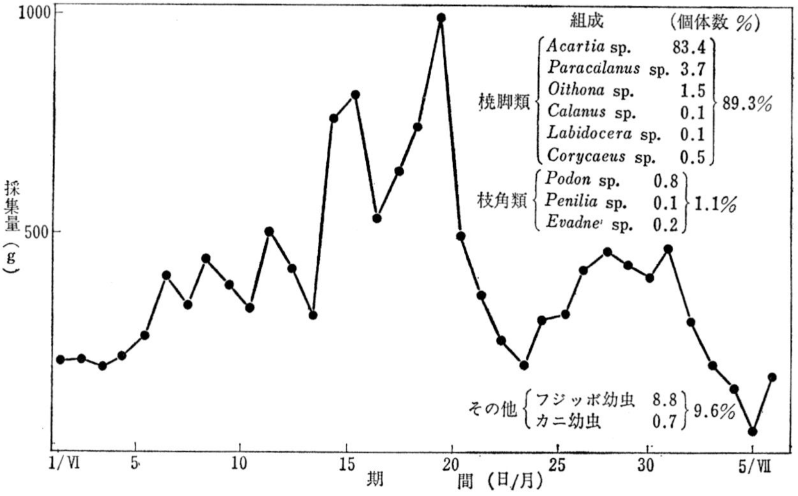

図 4·6　海面灯火照明によるプランクトン採集量と種類（1973）

50～990 g/日 である．この平均採集量は450 g/日で後述する稚仔魚の摂餌量から推定すると，稚仔魚を約5万尾飼育できる量に相当する．生産必要量が数十万，数百万尾と増大する現況では，この採集量では量的に問題がある．この橈脚類プランクトンの量の確保が困難なため，図4·1のように各水試ではワムシの長期間の使用が，また栽培漁業協会では多種類の餌料の併用が行なわれているのが現状である．また，各地で問題となっているマダイ人工種苗稚魚の脊柱屈曲[11,12]の原因がこの橈脚類プランクトンを使用しないワムシ単独給餌による栄養の不均衡にあるという推定もなされており[13]，今後は大量入手技術の研究が培養，及び天然採集面で一層なされるべきである．

培養技術開発は長崎水試[13,14]が内湾性の橈脚類の *Acartia clausi*, 及び *Oithona* sp. を大型池を使用して培養水1 l 当り1,100個～1,400個培養している．この培養量が5,000個/l になれば数十万尾の種苗生産用餌が確保できると試算している．

1·1·5　チグリオパス　チグリオパスは岩礁海岸のタイドプールなどに棲息する匍匐性橈脚類で環境変化への適応性が強く培養が容易なため高密度培養の可能な餌料生物である．長崎水試[13,14]，及び福岡水試[15]は500～3000l の培養槽で5,000個体/l の培養技術を開発している．また，マダイ稚仔魚への餌料としても図4·4，4·5に示したとおり，7mm 以降の稚仔魚の有効餌料である．

チグリオパスはこの生物のもな匍匐行動のため，稚仔魚の遊泳層と一致せず，また，捕食時に稚仔魚の口吻部に取り付くことが観察されていたが，長崎水試[14]はアカルチヤとの比較において，全長7.3mm 稚仔魚はチグリオパスの動きに短時間に慣れ，次第に摂餌性が向上し餌料としてアカルチヤに遜色がないとしている．また，福岡水試[15]もチグリオパスの栄養面の検討でその餌料効果はアカルチヤと同等であるとしている．

以上のことより，今後は培養技術をより開発し積極的な利用を考えるべき餌料生物と思われる．

1·2　魚貝類のミンチ肉（死餌）

仔魚期の陸上水槽飼育期間の死餌の使用は，水質悪化の原因となるのでエビむき身のねり餌などが試験的に使用されていたにすぎなかったが，熊本水試[7]がふ化後23日から，アサリ肉をミンチしこれを水洗いして，ブラインと併用し，橈脚類プランクトンを使用しないでワムシから直ちに死餌へ餌付けを行ないよい結果を得たので，これが刺激となり各機関で使用されるようになった．このアサリ肉のミンチは稚仔魚が摂餌可能な各種のサイズにミンチでき，これを水洗いすると飼育水を汚す溶出物が少なく，また，残餌となっても腐敗が遅いので飼育水の悪化を招かない長所がある．しかし，先に示した表4·1のとおり，これのみの単独使用は生物餌料（橈脚類プランクトン，及びワムシ）に比較して成長がよくない．なお，平田ら[16]はアサリ肉は単独では成長に問題があるが，ブラインと混合投与するとブラインの単独投与による大量へい死を予防できるとしている．

広島水試[4)]では稚魚期に起こる共食いによる食害防止のため，このアサリ肉を沖出し前後10日間に生物餌料，及びねり餌と併用してよい飼育成績を得ている．

他の死餌として，アカエビのむき身，及び魚肉が沖出しまでの稚仔魚の飼育に使用されてはいるが，餌料試験の報告例がなく知見が得られていない．しかし，死餌は田中[17)]が述べている仔魚のたん白質消化特性，即ち仔魚は餌料からたん白質をアミノ酸に分解し吸収する能力より，餌料のたん質を高分子の状態で後部腸管の上皮細胞内で摂取する機能が強いとの報告からすると，乾燥した人工飼料に比べより仔魚に適した餌料と考えられるので，これについては今後さらに検討されるべきである．

1·3 人工飼料

魚貝類，甲殻類などの天然物に乾燥酵母，ビタミン類，及び塩類などを混合後に乾燥粉末化した人工飼料を作り，これで稚仔魚が飼育できれば魚類の種苗生産過程における作業の大部分を占めている餌作りが簡単になり大量生産が容易になることは，種苗生産関係者が一様に考えるところである．また，実際この稚仔魚用人工飼料開発研究の努力もなされているが，現在まで未だ生物餌料に代わる人工飼料は作られていない．

人工飼料の乾燥成型技術は発達し，低温乾燥，及び急速乾燥により飼料原料のもつ栄養を変性（ビタミン，及びたん白の熱変性）の少ない状態で粉末化，又は粒状に加工できるようになっている．この成型の代表的な方法としてスプ

表 4·2　人工飼料の物性　（佐藤ら，1972）

物　　性	スプレードライ飼料	真空凍結乾燥飼料
形　　状	表面滑らかな球形	多孔質で不定形
粒　　状	50～350 μ	機械的に粉砕
溶 解 性	1日以上形状変化なし	半日程度変化なし
膨 潤 性	10～20％増大	20～30％増大
懸 垂 性	沈降速度10cm/分	水面浮上漸次沈降

レードライ法と真空凍結乾燥法がある．この方法で試作した飼料をふ化後30日までの稚仔魚に使用することを目標に，稚仔魚飼料としての物性面の検討を行なった佐藤ら[18)]の結果を表4·2に示した．

スプレードライ法は原料の混合物を熱風中にノズルから噴出して短時間に空中で乾燥させるため製品の表面が滑らかで球形をしている．粒子は径50～100μのものが作りやすく300μ 以上のものは作りにくい．給餌後の水中での形状変化は少ないが，沈降が早く懸垂性がない．このことは稚仔魚の摂餌性が悪いことを意味している．

真空凍結乾燥法はペースト状にした飼料原料の混合物を急速冷凍後に減圧低温で乾燥するため製品が柔らかで多孔質になりやすい．乾燥後に機械的に粉砕し篩分けるため粒子の大きさは任意にできるが，一般に微粉状のものが混ざりやすい．また形状も不定で原料によっては針状に砕ける．これを給餌すると水面に浮かび，吸水後に沈降するので懸垂性はよいが，この時に粒径が20～30%増大し，海水を含む．この含まれた海水の稚仔魚に及ぼす生理面の影響は不明である．

スプレードライ法で成型した表4·3のA，B飼料をふ化後10日から2週間給餌

表 4·3 人工飼料（スプレードライ）の配合組成の例 （佐藤ら，1972）

飼料	原料の種類	配合組成（無水物換算）（%）	摘要
A	エビ肉（生）	20.0	無頭，脱皮後の肉質部のみ使用
	白味魚肉（生）	30.0	三枚の卸身
	活性小麦グルテン	15.0	
	脱脂粉乳	10.0	
	鶏卵黄	5.0	
	牛肝臓（生）	5.0	
	大豆油	5.0	
	ブドウ糖	5.0	醗酵製造法によるもの
	混合ビタミン	5.0	Halver 処方（但し基材はグルテン）
	マッカラム塩	外 2.0	No.185
B	スケソーダラ肉（生）	66.7	冷凍すり身
	鶏全卵	20.0	
	ミルクカゼイン	10.7	
	ハマチエードS	2.6	武田薬品工業 KK

した佐藤ら[18]の結果を図4·7に示す．人工飼料はワムシに比較すれば成長は劣るが，摂餌され消化吸収されたことを意味している．

人工飼料については，報告例が少なく今後の研究が必要であるが，現時点では栽培漁業協会の事業場で採用しているように生物餌料の不足を補なう併用使用を考えるべきであろう．

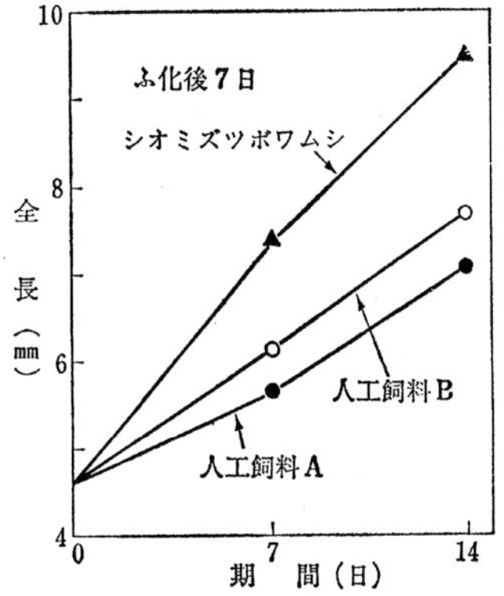

図 4·7　生物餌料と人工飼料の成長の比較（佐藤ら，1972）

§2.　生物餌料の必要量

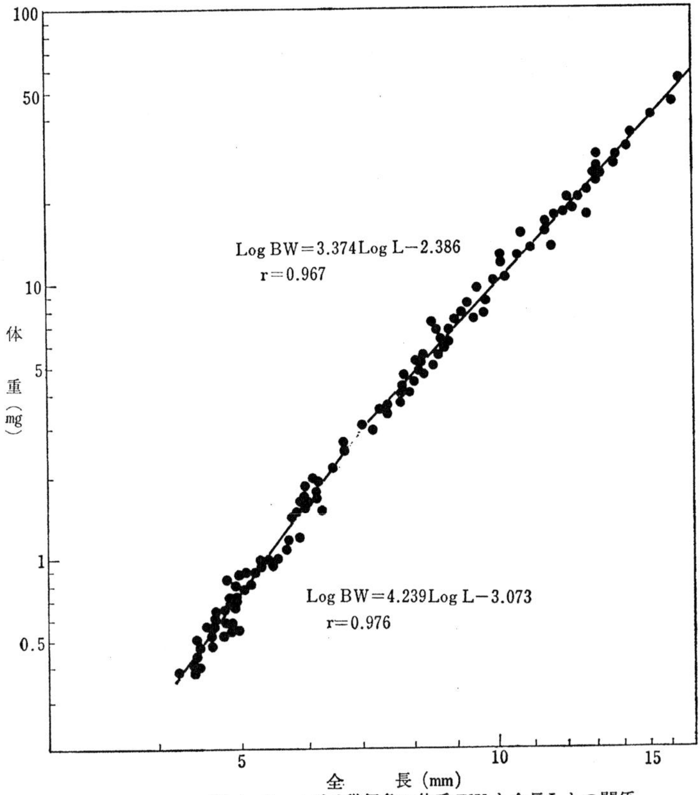

図 4・8　マダイ稚仔魚の体重 BW と全長 L との関係

種苗生産が大量化の方向に進んでいる現在，これに要する餌の量を正確に知ることは，生産計画上必要である．このため最近の資料を基に検討を行なった．

2·1　1日摂餌量

マダイ稚仔魚の種苗生産過程で消化管内に取り込まれた餌料生物の量の調査は，増村ら[19]，北島ら[20]，及び福岡水試[21]などで行なわれている．

増村ら[19]の調査結果の餌料個体数に，この生物の個体湿重量（シオミズツボワムシ3μg，ブラインシュリンプ11μg，天然採集の橈脚類プランクトン24μg，チグリオパス55μg）を乗じ，消化管内餌料重量を求めた．また，図4·8の全長—体重関係式で全長を体重に換算して消化管内餌料重量の体重比を求め図4·9

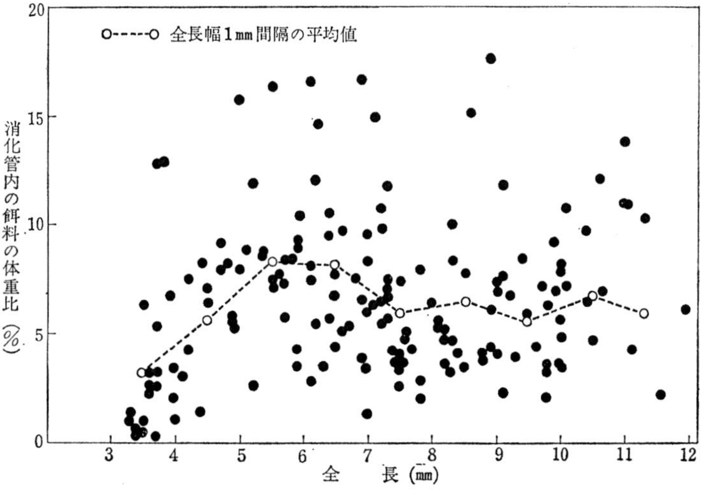

図 4·9　マダイ稚仔魚の消化管内に摂餌された餌料の体重比

とした．この結果，摂餌量の体重比のばらつきは大きいが，消化管内に摂取される餌は体重比で上限15～17%，平均値で3～5 mmサイズ期は4～5%，5～7 mm のワムシ摂餌期は8%，橈脚類プランクトン摂餌期は6～7%である．

1日の摂餌量を知るため，ワムシを与えて飽食から空胃になるまでの時間を

4.2～5.2mm 仔魚を用いて水温 17.7～19.2°C で調査した結果は図4・10 のとおりで 4 ～28個体のワムシを食べた仔魚群は早い個体では60分で空胃になり，全個体が空胃になのるは80分であった.

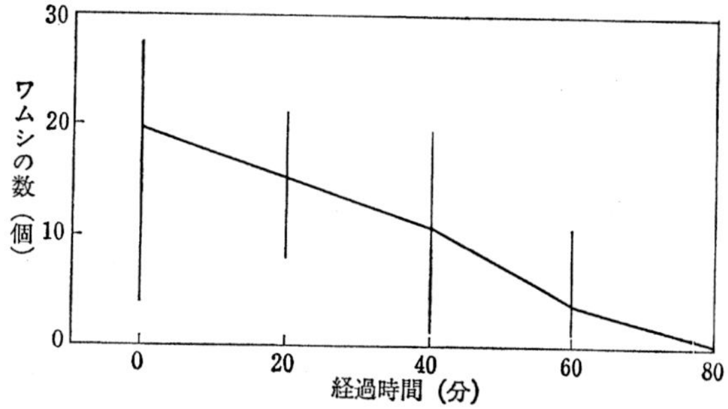

図 4・10　マダイ仔魚の飽食から空胃までの時間（増村，未発表）

１回の摂餌量と飽食から空胃になるまでの時間を基に単純に１日の摂餌量を推定して図4・11を得た. これに，北島ら[20]のマダイ稚仔魚が１日に摂餌するワムシの個体数の報告を基に，１日摂餌量の体重比を計算して併記した.

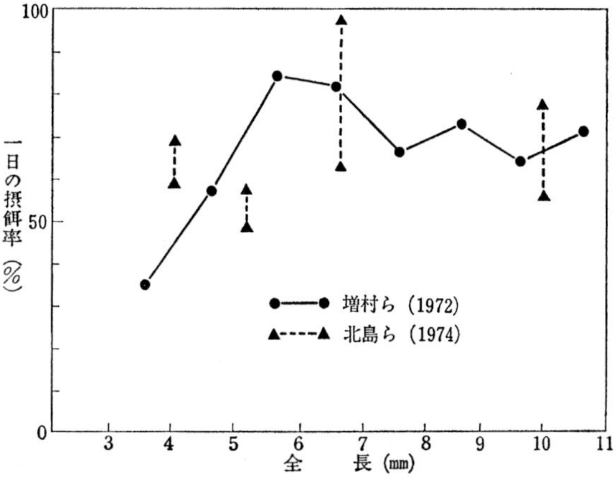

図 4・11　マダイ稚仔魚の１日摂餌量

これから，マダイ稚仔魚の１日摂餌量は体重の60～80%であることが分かる.

2・2　給餌量

マダイ種苗生産の適正給餌量決定のため，ふ化後10日の全長 4.41mm 体重 0.44mg の仔魚を７日間，ワムシで１日の給餌量を体重の20%，40%，80%，160%，320%と差をつけて飼育を行ない図4・12の結果を得た. これより多く給餌すれば成長，生残率ともよいという傾向がみられるが，１日の給餌量80%以上では大差がないことから，80%/日 の給餌量が適正給餌量に近い値と考えられる.

マダイの沖出しなどの移殖可能サイズ稚魚10万尾を生産するに必要な生物餌料の量を先の１日の摂餌量，及び１日の給餌量から推定すると表4・4 となる.

ただし，この計算は50万尾のふ化仔魚を30日間飼育し12mmサイズ稚魚10万尾を生産するとする現在の飼育技術を基に計算したものである．

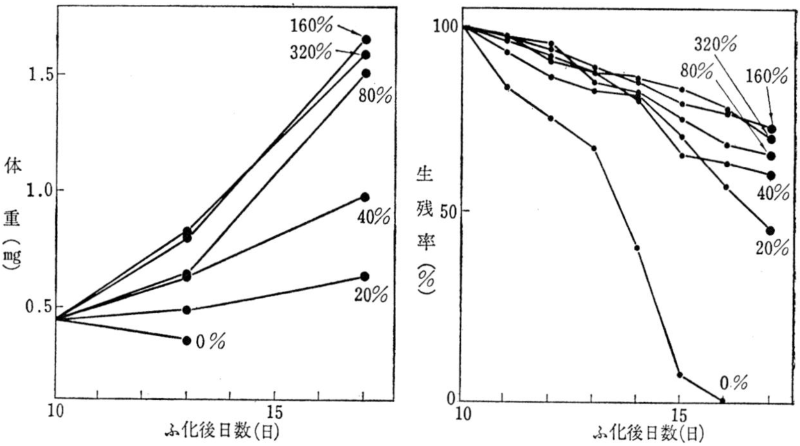

図 4·12 シオミズツボワムシの給餌量と稚仔の成長・生残

表 4·4 マダイ稚魚10万尾を生産するに必要な生物餌料の量

餌の種類	給餌期間	給餌率（%/日）	必要量（kg）	1日給餌量（g）		
				最小	最大	平均
シオミズツボワムシ	ふ化後 3～25日（23日）	50～80	5.7	24	490	250
橈脚類プランクトン	ふ化後22～30日（9日）	70	7.5	350	1,330	830
合計	28日		13.2	24	1,330	470

これより，生物餌料の総量は 13.2kg で，ワムシ 5.7kg，橈脚類プランクトン 7.5kg である．なお，橈脚類プランクトンはワムシ，及び死餌でその一部を補うことができることは先に述べたとおりである．

ちなみに，12mm 稚魚の体重は 20mg であるから，10万尾の総重量は 2 kg となる．これを生産するに要する生物餌料の重量が 13.2kg となるので，生産稚魚体重の 6.6 倍の生物餌料が必要なことになる．

文　献

1) 瀬戸内海栽培漁業協会：マダイ種苗量産技術開発．協会研究資料，8，18～38(1974)．

2) 熊本水試：昭和49年度マダイ種苗生産研究結果．九州山口各県水試マダイ種苗生産連絡会資料(プリント)，1～20 (1974)．

3) 長崎水試増養殖研究所：昭和49年度マダイ種苗生産研究結果．九州山口各県水試マダイ種苗生産研究連絡協議会資料(プリント)，1～8 (1974)．

4) 広島水試：昭和49年度マダイ種苗生産結果．九州山口各県水試マダイ種苗生産研究連絡協議会資料（プリント)，1～4 (1974)．

5) 平野礼次郎・大島泰雄：海産動物幼生の飼育とその餌料について．日水誌，**29**，282～297 (1963)．

6) 福原　修：初期の飢餓がマダイ仔魚の生残り，成長および発育に及ぼす影響について．南西水研研報，7，19～29(1974)．

7) 熊本水試：昭和48年度マダイ種苗生産試験―Ⅰ．マダイ仔魚のワムシ飼育過程における大量へい死について．昭和48年度九州山口各県マダイ種苗生産連絡会資料(プリント)，10～15 (1973)．

8) 伏見　徹：マダイの種苗生産に関する研究―Ⅱ．2，3の餌料が稚魚の生残と成長に及ぼす影響，広島水試研報，1，50～51 (1968)．

9) 伏見 徹・橋本俊将：マダイの種苗生産に関する研究―Ⅳ．*Tigriopus japoniucs* 及び *Moina macrocopa* の餌料効果．広島水試研報，2，9～14 (1969)．

10) 伏見 徹：マダイの苗種生産に関する研究―Ⅳ．*Tigriopus* と *Artemia* の併用による稚魚の給餌試験．広島水試研報，3．29～34 (1972)．

11) 北島 力・岩本 浩・与賀田稔久・藤田矢郎：人工採苗マダイの脊柱屈曲の症例と発生率（抄録)．昭和48年度増養殖に関する研究報告―Ⅱ，長崎水試増養研(1974)．

12) 熊本水試：種苗生産過程における奇形魚調査結果．九州山口各県水試マダイ種苗生産連絡会資料（プリント)，25～26 (1974)．

13) 長崎水試増養殖研究所：昭和49年度指定調査研究総合助成事業，魚類の初期餌料としての動物プランクトンの探索と大量培養研究中間報告書（プリント)，1～15 (1974)．

14) 長崎水試増養殖研究所：昭和48年度指定調査研究総合助成事業，魚類の初期餌料としての動物プランクトンの探索と培養研究報告書―Ⅱ．1～41 (1974)．

15) 福岡県福岡水試：昭和49年度指定調査研究総合助成事業中間報告書，魚類の初期餌料としての動物プランクトンの探索と大量培養研究―Ⅲ，1～18 (1974)．

16) 平田 満・藤田忠勝・浜田盛治・永田房雄：マダイの大量種苗生産に関する研究―1．中期餌料としてのアサリ肉の効果について．昭和49年度日本水産学会九州支部第一回例会研究発表要旨，(1974)．

17) 田中 克：仔魚の消化系の構造と機能に関する研究―Ⅴ．後部腹管上皮層の変化と蛋白質の摂取．魚類学雑誌，**19**，172～180 (1972)．

18) 佐藤正明・伏見 徹・高山晴義：マダイ稚仔期の栄養に関する研究―1．合成餌料とシオミズツボワムシを与えて飼育した場合の成長・生残率の比較．広島水試研報，3，9～19 (1972)．

19) 増村和彦・伏見 徹：種苗生産過程におけるマダイ仔魚期の摂餌選択について（予

報）．広島水試研報，3，35～40（1972）．

20）北島　力・飯島康夫・岩本　浩：マダイ稚仔魚の成長に伴なう飽食量の変化．昭和48年度増養殖に関する研究報告―Ⅱ．長崎水試増養研，13～15（1973）．

21）福岡県福岡水試：昭和48年度九州山口各県マダイ種苗生産連絡会資料（プリント），（1973）．

22）北島　力・福所邦彦・岩本　浩・吉田満彦・永池健次郎：マダイ稚仔魚の日間摂餌量について．昭和49年度日本水産学会九州支部第一回例会研究発表要旨，（1974）．

〔付議〕 餌料系列

高 見 東 洋*

魚類の種苗生産の研究は，ここ10年間に飛躍的な発展を遂げ，アユ *Plecoglossus altivelis*，トラフグ *Fugu rubripes rubripes*，イシダイ *Oplegnathus fasciatus*，カサゴ *Sebastiscus marmoratus*，ヒラメ *Paralichthys olivaceus*，マコガレイ *Limanda yokohamae*，イシガレイ *Kareius bicoloratus*，スズキ *Lateolabrax japonicus*，ブリ *Seriola quinqueradiata*， ヒラマサ *Seriola aureovittata*，カンパチ *Seriola purpurascens*，シマアジ *Caranx delicatissimus*，マダイ *Chrysophrys major*，クロダイ *Acanthopagrus schlegeli* 等の多くの有用な魚種について取り組まれてきた．それらの中にはすでに100万尾単位で生産可能となった魚種もあるが，その成果の鍵は，稚仔期の生理生態の研究の他に適正餌料の開発にあったといっても過言ではない．

餌料としての条件は，倉田[1]によると

(1) 大きさが稚魚に認められ，かつ容易にのみ込み得る程度であること．生きた場合には，さらにその遊泳があまりすばやくないこと．

(2) なるべく長い間浮遊していること．生餌では器壁に付着せず，しかも稚魚と同じすう光性があること．

(3) 充分な栄養を含んでいること．特に人工飼料の場合には注意しなければならないが，生餌の場合でも *Artemia salina* は，自身の卵黄を消費し尽したものは適当でない．

(4) いつでも必要なだけ同じものが容易に手に入ること．

と述べている．これらの条件は，見方を変えると(a)捕食または摂餌機構に関することと，(b)餌料が稚仔の体内に取り入れられた後の条件とに分けて考えることができる[2]．

* 山口県内海水産試験場

稚仔が，餌料として口腔内に取り入れるには，餌料の物性面（形状,大きさ，溶解性，懸垂性，膨潤性），魚の口腔の機能，摂餌習性に起因するほか生理的な要因も関与する[3]といわれている．一方，口腔内に取り入れられた餌料は，消化吸収しやすく栄養的にバランスのとれたものでなければならない[3]．さらに，種苗生産を行なううえには，前記条件のほか餌料の入手や培養が簡便でしかも経済的なものが望ましい．

伏見は，現在マダイの種苗生産及びその研究が行なわれている代表的な機関の飼育例を示し，マダイ稚仔魚の餌料系列を紹介した．また，それぞれの餌料についての餌料効果を成長・生残率で表わすとともに入手の点からも考察した．また，日間摂餌量から計画生産するための必要量を試算した．

紹介されたマダイの餌料系列をながめてみると，かつてアユの種苗生産において歩んできた餌料系列のパターンときわめて似かよった経過をたどっている点は興味深い．したがって，マダイの種苗生産における餌料の問題は，アユの種苗生産が歩んできた過去の餌料系列のパターンを振りかえることによって，打開策の糸口とならないだろうか．

アユの種苗生産では，1973年度にはすでに100～150万尾が生産可能となったが，そこにいたるまでには，永い間の試行錯誤による餌料の探索やその培養技術,有効な使用法の検討を終始くり返えしながら歩んできたプロセスがあった．すなわち十数年前までは，餌料の大部分を天然に依存していた点では，きわめて原始的な餌料を用いていた時期があった．その時の餌料系列は，ふ化当初は植物性プランクトンや原生動物，その後，輪虫類や甲殻類の動物性プランクトン，さらに全長3 cm位になると人工飼料といった餌料系列で代表されていた．ところが研究の結果，植物性プランクトンや原虫類は必須でないことが1963年に究明[4]されてアユの餌料系列はやや単純化された．

1964～1965年にかけて，アユのふ化仔魚の生残に最も適した餌料は，ツボワムシ *Brachionus calyciflorus* である[5,6]ことが究明されてから効果的な餌料系列のサンプルが示されるようになった[6~8]．

これらによると，アユの種苗生産段階は餌料によって3段階に分けられる．

すなわちツボワムシを投与する時期（ふ化後0～30日）を初期とし，大型ワムシ，ミジンコ類を投与する時期（ふ化後30～80日）を中期とし，鮮魚肉,肝臓,アミ，エビ等の投与時期（ふ化後80～150日）を後期とした．一応この餌料系列で，ある程度の生産が可能となったが，100万尾を目標にした場合には，中期餌料の大量確保に問題が残されていた．したがってそれに代わる配合飼料の開発や保存餌料の検討，*Artemia* の有効な利用法の開発が叫ばれ，この問題に取り組んできたが，これは現在におけるマダイの種苗生産が直面している問題に似ている．

ちなみにマダイの種苗生産過程を使用する餌料の種類によって3段階に分けてみると，シオミズツボワムシ *Brachionus plicatilis* の投与時期（ふ化後0～30日）を初期，小型甲殻類の投与時期（ふ化後20～35日）を中期，生鮮魚介類（魚肉，アミ，エビ，アサリ等）の投与時期（ふ化後25日以降）を後期と仮に呼ぶことにすると，中期餌料の大量確保に最大の問題が残されている．

中期餌料の大量確保については，一つは有効餌料の探索と大量培養の研究として進められ，一つは，天然コペポーダの大量採集法の開発，一つは既存餌料で，いつでも必要なだけ入手可能な *Artemia* の合理的な使用法の開発といった方向で進められている．有効餌料の探索と大量培養については，*Acartia clausi*，*Oithona nana*, *Paracaranus parvus*, *Tigriopus japonicus* 等が主に取り組まれているが，*Acartia* で最高1,100個体/l[9]，*Tigriopus* で500g/トン/30日（1トン水槽使用）[10]を培養できたものの大型化の段階にはいたっていない．天然コペポーダの大量採集については，潮流を利用したネット採集とか，走光性を利用した電照法とかが試みられているが，時期，海況，気象条件，潮時等によって採集量が安定していないし，しかも採集可能な場所も限定されている．*Artemia* の合理的な使用法については，二，三試みられているものの完全とはいえない[11~13]．すなわち *Artemia* の単独給餌がなぜ大量へい死を起こさせるのか，なぜ魚種によって大量へい死にいたるまでの期間が異なるのかといったような問題は全く解明されていない．

一方，アユでは中期餌料，特に *Artemia* の有効利用法の検討がなされた[14~

[16]結果，単独投与による弊害は，他餌料との併用や投与期間の短縮，投与量によって解消することがわかっている．後期餌料（ふ化後50日以降）については，山口県の場合，1968年から従来の生鮮魚介類を市販の配合飼料（マス用）に代替したが，当時はアユ稚仔における配合飼料の物性面の研究や栄養面の検討が進んでいなかったために，残餌による水質悪化や栄養欠陥による変形魚（脊椎弯曲症）の問題は，生鮮魚介類の時と同じように出現していた．しかし，調餌の省力化には，有意義であった．

その後，配合飼料の栄養欠陥を補足するには，鶏卵が有効であることが明らかにされ[17]，さらに物性面，栄養面が改良されたアユ稚魚用配合飼料が開発され始めたために，生産量は1969年には，約10万尾，1970年には，一挙に約40万尾に増加した．しかも変形魚（脊椎弯曲症）の出現はきわめて少なくなった．配合飼料の研究は，後期餌料だけにとどまることなく，中期，さらには初期餌料として使用可能なことが究極の目標であり，現在，東海区水研の指導をえてアユ部会（全国湖沼河川養殖研究会）の統一試験として取り組まれている．

配合飼料をシオミズツボワムシとともに初期から併用すると，後期になって切り代えた場合に見られていた仔魚の成長・生残率の低下は，ほとんど解消されるという事実も判ってきた[18]．山口県の場合，1972年度には，118.8万尾，1973年度には153.5尾と量産できたのも，配合飼料の開発や使用法の研究成果によるところが大きく，配合飼料の開発こそが，大量生産を容易に，しかも確実になし得る要素といえる．

再びマダイの餌料系列に戻って考えると，1974年度には，熊本水試（大矢野支場，牛深分場），長崎水試（増養殖研究所）においては，中期までを初期餌料のシオミズツボワムシで通して，後期餌料（アサリ，魚卵，牛肝，配合飼料，Vmix 等）に直結した形で飼育しているが[19]，大量確保の難しい中期餌料に依存しなくて済む点では，かなり進んだ餌料系列といえる．しかし，マダイの種苗生産の目標を100万尾単位以上におくならば，確実性のある飼料を支柱にすべきで，その意味から早急に解決しなければならないのは，瀬戸内海栽培センター上浦事業場や広島水試[19,20]を除き，ほとんど取り組まれていないマダイ稚仔用配合飼料の開発に総力を傾注すべきではなかろうか.

文　献

1) 倉田博：ニシン稚魚の飼育について. 北水研報告, **20**, 117〜138(1959).

2) 平野礼次郎・大島泰雄：海産動物幼生の飼育とその餌料について. 日水誌, **29**, 282〜297(1963).

3) 尾崎久雄：魚類生理学講座, 第3巻 消化の生理(上), 239pp, 緑書房, 東京(1971).

4) 笠原正五郎・二村義八郎・中村中六：アユふ化仔魚の飼育餌料について. 水産増殖, **11**, 67〜72 (1963).

5) 伊藤隆・岩井寿夫：アユ種苗の人工生産に関する研究—Ⅱ. 餌料プランクトンの野外培養(1). 木曽川水系調査報告, **1**, 337〜370(1964).

6) 伊藤隆：同上—Ⅴ. 河川産アユ卵および成熟促進卵の人工孵化仔魚に対するツボワムシの餌料効果. 同誌, **2**, 719〜760(1965).

7) 伊藤隆・岩井寿夫・古市達也：同上—XXX. シラス型仔魚の生残および成長に対する人工餌料の早期給餌の影響, 同誌, **3**, 511〜539(1967).

8) 石井重男・船坂義郎・小木曽卓郎：アユ稚魚の飼育試験—Ⅰ. 岐阜水試研究報告, 昭和41年度, 1〜3(1968).

9) 福岡県水産試験場：昭和48年度指定調査研究総合助成事業. 魚類の初期餌料としての動物プランクトンの探索と大量培養研究—Ⅱ.「餌料研究」報告書, 1〜29(1974).

10) 長崎県水産試験場：昭和48年度指定調査研究総合助成事業. 魚類の初期餌料としての動物プランクトンの探索と培養研究報告書—Ⅱ. 1〜41(1974).

11) 熊本県水産試験場：昭和47年度指定調査研究総合助成事業結果報告書. 動物プランクトンの探索と大量培養. 1〜12 (1973).

12) 長崎県水産試験場：昭和47年度指定調査研究総合助成事業. 魚類の初期餌料用動物プランクトンの探索と大量培養研究報告書—Ⅰ. 1〜32(1973).

13) 大分県水産試験場：昭和48年度指定調査研究総合助成事業. マダイ種苗生産報告書, 1〜50(1974).

14) 星野　暹・山本喜久蔵・安家重材・和田功・直江知也・東　幹夫：海水によるアユ種苗の人工生産に関する研究. 岡山水試事業報告, 昭和41年度, 137〜165 (1967).

15) 星野　暹・山本喜久蔵・安家重材・和田功・直江知也・服部　洋：同上. 1967年の経過. 同誌. 昭和42年度, 169〜196(1968).

16) 高見東洋：アユの種苗生産に関する研究—Ⅲ. アユ仔魚期におけるシオミズツボワムシの代替餌料と効果的投与法について. 山口内海水試調査研究業績, 18(1), 59〜65(1969).

17) 高見東洋・立石　健：同上—Ⅺ. 配合飼料の効果と投与法について（ふ化後80〜140日). 山口内海水試報告, **1**, 5〜8(1970).

18) 高見東洋：アユ種苗の人工生産について. その2. 養魚, **4**, 2〜5(1971).

19) 伏見　徹：稚魚の摂餌と発育. 餌料. 昭和49年度日本水産学会秋季大会シンポジウム講演.

20) 佐藤正明・伏見　徹・高山晴義：マダイ

稚仔魚期の栄養に関する 研究—I． 合成餌料と シオミズツボワムシ を与えて飼育した場合の成長・生残率の比較．広島水試研究報告，**3**，9～30(1972)．

Ⅲ. 種苗の大量生産

5. 種苗生産の対象魚

原　田　輝　雄*

種苗生産の対象海産魚としては，マダイ *Chrysophrys major* やクロダイ *Acanthopagrus schlegeli* のように有用度が高く，かつ，飼育しやすい沿岸性魚類からとりあげられたが，最近の種苗生産技術の開発により，その種類は年々増加し，現在では遠洋性のマグロ類にまでおよんでいる．飼育しやすい条件としては，良質の卵および精液が容易に多量に入手でき，種苗の発育に適した餌料が容易に十分に供給され，発育に適した環境が整えやすいことがあげられる．内湾や沿岸で産卵するクロダイ[1]・マダイ[2]・ヒラメ *Paralichthys olivaceus*[3] などはこの条件を具えており，比較的早く人工種苗生産が可能となったが，外洋で産卵するブリ *Seriola quinqueradiata*[4]・カンパチ *S. purpurascens*[5]・ヒラマサ *S. aureovittata*[6]・シマアジ *Caranx delicatissimus*[7] などは比較的遅く，最近可能となったところであり，熱帯海域と主産卵場とするカツオ・マグロ類[8] ではその一部が可能となったところで，今後の研究にまたねばならない．生産された種苗の用途は養殖と放流に二大別されるが，最も適当な種苗生産対象魚は，その目的によって種類がかなり絞られ，また，それら対象魚の生産には問題点も少なくないと考えられるので，これらの諸点について述べようと思う．

§1. 人工種苗生産の可能な魚類

現在までに人工種苗生産が可能となった有用海産魚はマダイ・クロダイ・ヘダイ *Sparus sarba*[9]・キチヌ *Acanthopagrus latus*・イシダイ *Oplegnathus*

---

* 近畿大学農学部

fasciatus[10]・イシガキダイ *O. punctatus*[11]・スズキ *Lateolabrax japonicus*・ヒラスズキ *L. latus*・ボラ *Mugil cephalus*・メナダ *Liza haematocheila*・キス *Sillago sihama*[12]・イサキ *Parapristipoma trilineatum*[13]・キジハタ *Epinephelus akara*・カサゴ *Sebastiscus marmoratus*・アイゴ *Siganus fuscescens*[14]・カワハギ *Stephanolepis cirrhifer*・トラフグ *Fugu rubripes*[15]・ヒラメ・マコガレイ *Limanda yokohamae*[16]・ブリ・カンパチ・ヒラマサ・シマアジ・ハガツオ *Sarda orientalis*[17]・ヒラソウダ *Auxis thazard*[18]・マルソウダ *Auxis tapeinosoma*[19] 等である．これらはいずれも全長 5cm 以上の種苗となるまで飼育できたものであるが，カツオ・マグロ類の中の重要魚類でまだ 5cm 以上の種苗が生産できないものがある．キハダ *Thunnus albacares*[20] では熊野灘の旋網で採捕した親魚から採卵，人工授精・ふ化して20日間，全長 8.5mm に成長するまで飼育できたところであり，カツオ *Katsuwonus pelamis*[21] では天然親魚から採卵することはできたが，ふ化飼育は今後の課題であり，マグロ *Thunnus thynnus*[22] では，まだ採卵できず，採卵用親魚の養成試験中である．

このほか，最近人工交配による品種改良実験が進められ，次のような新しい交配種ができている．

マダイ(♀)×クロダイ(♂)[23,24]・マダイ(♀)×ヘダイ(♂)[25]・マダイ(♀)×チダイ *Evynnis japonica*(♂)・クロダイ(♀)×ヘダイ(♂)[26]・イシダイ(♀)×イシガキダイ(♂)[27]・イシダイ(♀)×クロダイ(♂)[28]・イシガキダイ(♀)×イシダイ(♂)[29]・ブリ(♀)×ヒラマサ(♂)[30]・ブリ(♀)×カンパチ(♂)[30]・カンパチ(♀)×ブリ(♂)・カンパチ(♀)×ヒラマサ(♂)[31]・ヒラマサ(♀)×カンパチ(♂)[32]・トラフグ(♀)×シマフグ *Fugu xanthopterus*(♂)[33]・ヒガンフグ *Fugu pardaris* (♀)×コモンフグ *Fugu poecilonotus* (♂)[33].

これらの中には養殖用種苗として適当と思われるものもあり，また，イシダイ(♀)×イシガキダイ(♂)のように，雑種第２代[34]や戻し交配がつくられているものもある．

§2. 種苗生産用餌料

海産魚の種苗生産の初期餌料として現在広く使用されているのはシオミズツボワムシ *Brachionus plicatilis* と二枚貝の幼生である．二枚貝の幼生はシオミズツボワムシより小さいので，ふ化直後の仔魚が小さい魚種に用いられる．この数年来，シオミズツボワムシの培養技術がいちじるしく進み，比較的容易に，安い経費で大量生産できるので，ほとんどの魚種に使用されている．その次の発育段階に適当なものは動物性プランクトン，中でも海産コペポーダが最適とされているが，これはシオミズツボワムシのように集約的大量培養ができない．そこでその代わりとして *Artemia* のふ化幼生や淡水産のミジンコ（*Daphnia, Moina* の類）が使用される．*Tigriopus japonicus* は底棲匍匐性で，シオミズツボワムシより低密度であるが培養でき，この頃の餌として使用される．ところで内湾や沿岸で産卵する魚種では，マダイ・クロダイ・ヒラメ等のようにシオミズツボワムシを摂取して育成する期間が長く，次の餌も *Artemia*・ミジンコ・*Tigriopus* 等で育つものが多い．飼育しやすい条件を具えているわけである．ところが外洋性のハガツオ・ヒラソウダ・マルソウダ・ブリ等ではワムシを摂餌する期間が短かく，コペポーダの代りに *Artemia* を使用し難いなど種苗大量生産には不都合な条件をもっている．

その次の餌料としては，小魚・小エビ・アミ類・人工乾燥配合飼料等が用いられているが，外洋性で成魚が主として魚類を餌としているハガツオ・ヒラソウダ・ブリ等は生きた小魚か，死んでいても鮮度の高い小魚を必要とするのに対し，内湾性のマダイやクロダイ等では鮮度の比較的低い小魚・小エビ・アミ類でも摂取し，人工乾燥配合飼料でも飼育できる．

有用魚種で，植物性餌料のみで種苗生産の全期間を飼育できるものは今のところ見当たらない．

§3. 飼育環境

クロダイ・ヘダイ・スズキ・ボラ等のような内湾性の魚種の種苗は，ハガツオ・ヒラソウダ・ブリ・カンパチ等のような外洋性のものに比し，塩分の低下や，排泄物の蓄積など飼育環境の悪化に対する抵抗力が大きく，生残率が高く，飼育しやすい長所をもっているが，その成長度は劣るものが多い．マダイ(♀)×クロダイ(♂)・マダイ(♀)×ヘダイ(♂)・イシダイ(♀)×イシガキダイ(♂)・ブリ(♀)×ヒラマサ(♂)等の雑種では，その両親の一方または両方よりも環境の悪化に対する抵抗力が大きく，飼育しやすい上に，その成長度も両親の一方または両方よりすぐれている長所をもっている．外洋性魚類種苗に好適な飼育環境を内湾に臨む沿岸において整えることは容易でなく，従って外洋性魚類の種苗生産にはより高い技術と経費とが必要であると考えられる．

§4. 養殖用種苗

種苗の用途は，養殖か放流のいずれかであるが，それぞれに適した魚種を選ぶべきである．養殖用種苗生産対象魚種としては，

①成魚の利用価値が高い．

②天然種苗の供給が少なく，従って種苗の価格が高い．

③成長が速く，収獲までの期間が短い．

④餌料が豊富にあり，飼育が容易で生残率が高く，生産費が安い．

等の条件を具えているものが適当であろう．外洋性魚類としては，マグロ・カンパチ・シマアジ等が適当であり，内湾性沿岸性魚類としてはマダイ・イシガキダイ・ヒラメ等であり，他の有用魚種との混養に適当な魚類としては海藻や付着性の無脊椎動物を餌料とするカワハギ・ウマズラハギ・アイゴ等である．

人工交配による改良魚種で，養殖用種苗生産に適当なものについて述べると，

マダイ(♀)×クロダイ(♂)：マダイが飼育できないような低塩分の環境でも飼育でき，成長度はクロダイよりすぐれ，味もクロダイよりよいので，淡水の影響を受けやすい内湾沿岸の養殖場に適している．

マダイ(♀)×ヘダイ(♂)：上記とほぼ同じような長所をもっている．

マダイ(♀)×チダイ(♂)：体表の色はマダイより赤色が強く，チダイより成長度がすぐれている．

イシダイ(♀)×イシガキダイ(♂)：イシダイより成長度がすぐれ，イシダイ，イシガキダイのいずれよりも飼育しやすく生残率が高い．体表の紋様はイシダ

イの縞とイシガキダイの斑点の両方が混ったものである.

ブリ(♀)×ヒラマサ(♂)：当年魚の成長度はブリ，ヒラマサのいずれよりもすぐれ，肉質はブリよりもすぐれている.

カンパチ(♀)×ヒラマサ(♂)：カンパチよりも飼育しやすく生残率が高く，当年魚では，カンパチ，ヒラマサのいずれよりも成長度がすぐれている.

これらの交雑種も，養殖場の立地条件によっては，養殖適種となり，したがって種苗生産対象魚種となり得ると考えられる.

§5. 放流用種苗

放流用魚種の決定には，

①その魚の種苗の大量生産が容易で，しかも安い経費でできる.

②放流しようとする海域の環境がその魚の成育に適している.

③放流魚の再捕が容易である.

等の諸点を考慮する必要があることは勿論であるが，

④その海域における生物の食物連鎖に及ぼす影響.

に深い考慮を払うことが必要であると考えられる.

海中生物の食物連鎖は図5·1に示したように，植物性プランクトンおよび海藻類が被食者となって，動物性プランクトン・プランクトン食魚類・無脊椎動物等を経て動物食魚類となり，あるいは雑食性魚類となって，それらの排泄物が植物性プランクトンや海藻類に吸収される.

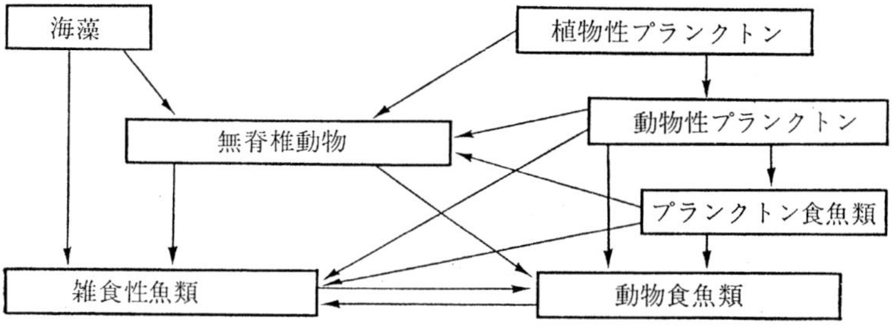

図 5·1　海中生物の食物連鎖（矢印の方向に摂取される）

このような生態系の中で，マグロやブリのような動物食魚類を多く放流し過ぎた場合，その餌となるイワシやサンマのようなプランクトン食魚類や，イカのような無脊椎動物が捕食されて減少し，連鎖のバランスが崩れて結局ブリやマグロの増殖も果せなくなるであろう．その海域の群集を調査し，それによって適当な放流魚種の決定をするのが効果的と思われる．したがって，プランクトン・海藻・利用度の低い無脊椎動物などを摂餌する有用魚種は，大量放流用として適当であり，イワシ類・イカナゴ・サンマ・アイゴ等はその例と思われ小形魚類・利用度の高い無脊椎動物等を摂餌する有用魚種は少量放流用として適当で，マグロ・ブリ・マダイ・イシダイ等はその例と思われる．その海域に有用プランクトンを増殖し，そのプランクトンを餌とする魚種を適量放流するのが効果的であろう．

§6. 今後の課題

マグロ類のように有用魚種でありながら，まだ，種苗の人工生産ができないものがあるが，その原因は熟卵が採取できない点にある．この十数年来の試験の結果，マダイ・クロダイ・ヘダイ等の沿岸性魚類から，ブリ・カンパチ・シマアジ等の外洋性魚類にいたるまで，多くの魚種で養成親魚からの採卵が可能となった．これから考えて，未開発の有用魚種に対する採卵親魚の養成技術開発が重要な課題と考えられる．

現在の海産魚の種苗人工生産において，餌料用シオミズツボワムシの生産はきわめて重要であるので，この安定生産技術開発を進めると共に，その次の餌である海産コペポーダの大量培養技術開発が必要である．人工乾燥配合飼料は現在のところ，コペポーダの次の餌として一部の魚種で使用されているに過ぎないが，初期餌料から成魚餌料にいたるまですべて人工乾燥配合飼料が使用できれば，海産魚の種苗生産の合理化に役立つところきわめて大きいと考えられる．初期飼育用乾燥配合飼料の開発は，海産魚の種苗大量生産上重要な課題と考えられる．

現在，日本海栽培漁業センターの建設を始め，多くの府県で種苗センターの建設が始まり，あるいは計画中である．これらの事業計画の多くに，マダイの種苗生産と放流が含まれている．今後，他の魚種についても種苗生産・放流が計画されるであろうが，その効果を高めるためには，放流予定海域の群集の調査と放流による影響の予測によって，放流魚の種類と量とを適正に決定することが重要な課題となると思われる．

今後プランクトンや海藻類を餌とする有用魚種が大量に放流されるようになることが望ましいが，それらの種苗生産技術は確立されていない．それらの魚種の人工種苗生産技術を開発して種苗生産対象魚を拡充し，その中から個々の海域に適した魚種を選ぶべきであろう．

文　　献

1) 笠原正五郎・平野礼次郎・大島泰雄：クロダイ人工孵化仔魚の飼育とその成長について．日水誌，**26**，239～244 (1960)．

2) 山下金義：マダイ養殖の基礎的研究—Ⅱ 稚仔の餌料について．水産増殖，臨時号 2，101～106 (1963)．

3) 原田輝雄・楳用晋・村田修他：ヒラメの人工ふ化仔魚の飼育とその成長について．近畿大学水産研究所報告，**1**，289～303(1966)．

4) 原田輝雄・藤田矢郎・道津喜衛他：ブリ人工ふ化仔魚の飼育と成長．日本水産学会昭和43年度秋季大会講演要旨，37 (1969)．

5) 原田輝雄・村田修・水野兼八郎他：カンパチの親魚養成・人工ふ化・仔魚飼育．日本水産学会昭和45年度春季大会講演要旨，No.516 (1970)．

6) 原田輝雄・村田修・宮下盛：ヒラマサの親魚養成・採卵・人工ふ化・仔魚飼育．日本水産学会昭和 47 年度秋季大会講演要旨，308 (1972)．

7) 原田輝雄・村田修・宮下盛：シマアジの親魚養成・採卵・ふ化・仔稚魚の飼育．日本水産学会昭和48年度秋季大会講演要旨，65 (1973)．

8) 遠洋水産研究所：マグロ類養殖技術開発試験報告1970年 4 月～1973年 3 月．1～165 (1973)．

9) 原田輝雄・村田修・熊井英水：ヘダイの親魚養成：人工ふ化および仔魚育成について．日本水産学会昭和42年度秋季大会講演要旨，20 (1967)．

10) 熊井英水・中村元二・原田輝雄：イシダイの親魚養成，人工ふ化および仔魚育成について．日本水産学会昭和42年度秋季大会講演要旨，20 (1967)．

11) 原田輝雄・熊井英水・水野兼八郎他：イシガキダイの人工ふ化と仔魚の飼育．日本水産学会昭和45年度秋季大会講演要旨，62～63 (1970)．

12) 清野通康・平野礼次郎：キス稚仔魚の人工飼育．日本水産学会昭和48年度秋季大会講演要旨，66 (1973)．

13) 原田輝雄・村田修・宮下盛他：イサキの人工種苗生産．日本水産学会昭和49年度秋季大会講演要旨，25 (1974).
14) 山口県内海水産試験場：アイゴ種苗生産に関する研究．山口県内海水試年報，1 (1970).
15) 藤田矢郎：日本産主要フグ類の生活史と養殖に関する研究．長崎県水試論文集，2，121pp. (1962).
16) 陣之内征龍：マコガレイの種苗生産試験．山口県内海水試報告，2，22〜27 (1971).
17) 原田輝雄・村田修・宮下盛：ハガツオの人工ふ化と仔稚魚の飼育．近畿大学農学部紀要，7，1〜4 (1974).
18) 原田輝雄・村田修・宮下盛：ヒラソウダの人工ふ化と仔魚飼育について．同誌，6，109〜112 (1973).
19) 原田輝雄・村田修・古谷秀樹：マルソウダの人工ふ化と仔魚飼育について，同誌，6，109〜112 (1973).
20) 原田輝雄・水野兼八郎・村田修他：キハダの人工ふ化と仔魚飼育について．同誌，4，145〜151 (1971).
21) 井上元男・岩崎行伸・青木光義他：海水馴化クロレラによるカツオ・マグロ類人工ふ化仔魚飼育の試み．日本水産学会昭和48年度春季大会講演要旨，75 (1973).
22) 原田輝雄・熊井英水・中村元二：金網いけすによるクロマグロおよびハガツオの飼育．近畿大学農学部紀要，6，117〜122 (1973).
23) 原田輝雄：マダイとクロダイの人工交配について．日本水産学会昭和39年度秋季大会講演要旨，26 (1964).
24) 原田輝雄・熊井英水・楳田晋・村田修：マダイとクロダイの交配種とその飼育について．日本水産学会昭和41年度秋季大会講演要旨，19 (1966).
25) 原田輝雄・村田修・水野兼八郎・熊井英水：マダイとヘダイの人工交配とふ化仔魚の飼育について．日本水産学会昭和43年度春季大会講演要旨，27 (1968).
26) 熊井英水・中村元二・原田輝雄他：クロダイ♀×ヘダイ♂とクロダイ♀×マダイ♂の人工ふ化とふ化仔魚の飼育．日本水産学会昭和46年度春季大会講演要旨，38 (1971).
27) 原田輝雄・水野兼八郎・村田修他：イシダイとイシガキダイの人工交配とふ化仔魚の飼育．日本水産学会昭和45年度春季大会講演要旨，34 (1970).
28) 原田輝雄・熊井英水・村田修他：イシダイとクロダイの人工交配とふ化仔魚の飼育．日本水産学会昭和44年度春季大会講演要旨．22 (1969).
29) 原田輝雄・熊井英水・村田修他：イシガキダイ(♀)とイシダイ(♂)の交配種の飼育による成長．日本水産学会昭和49年度春季大会講演要旨，106 (1974).
30) 原田輝雄・水野兼八郎・村田修他：ブリとヒラマサおよびブリとカンパチの人工交配とふ化仔魚の飼育．日本水産学会昭和46年度春季大会講演要旨．38 (1971).
31) 原田輝雄・村田修・宮下盛・古谷秀樹：カンパチとヒラマサの人工交配とふ化魚の飼育．日本水産学会昭和46年度秋季大会講演要旨，No.209 (1971).
32) 原田輝雄・村田修・宮下盛：ヒラマサ(♀)×カンパチ(♂)の人工交配と仔稚魚の飼育．日本水産学会昭和48年度春季大会講演要旨．74 (1973).
33) 藤田矢郎：トラフグ属数種の人工交配と雑種幼生の飼育．日本水産学会昭和41年度秋季大会講演要旨，20 (1966).
34) 原田輝雄・村田修・宮下盛：イシダイ(♀)×イシガキダイ(♂)の F_2 および戻交雑について，日本水産学会昭和48年度春季大会講演要旨，74 (1973).

〔付議〕 種苗生産対象魚

古 沢　　徹*

種苗はその用途から養殖用と資源増殖を目指す放流用に分けられるが，いずれにしてもそれらの用途に対応するためには経済的に量産が可能でなければならない．とくに放流用種苗についてはなるべく生産費をかけないで量産を達成することが要請される．

魚類養殖業における種苗の供給はマス類，コイ，フナなどの限られた種類を除くと，その大部分が天然採捕によって充当されてきている．アユのようにその需要量が供給量を上廻わるようになると，勢い種苗の人為的生産が脚光をあびてくるようになる．しかし，対象種の生活，繁殖を極力管理して生産を行なう養殖の建前としては，その種苗についても人為的に必要量をいつでも充分に確保できる技術をもつことが本来の行き方であると考える．

人為的量産技術が確立しないままに推移すれば，ウナギのように種苗の欠乏による価格の高騰や，ブリのように資源の利用上漁業生産との競合による問題を惹き起こす．近年，マダイの養殖が急激に伸展しつつあるが，種苗の供給を天然ものに依存することから脱却しないと，ブリ以上に大きな問題が生ずる危惧がある．

魚類養殖業の今後における課題の一つは，生産対象種を増して，業者が適地適産を行ない得る態勢をつくることであると考えられるが，それには，資源の添加量に充分なゆとりがあって間引きが許される魚種でない限り，該当種の種苗量産技術開発が常に随伴することを忘れてはならない．

漁業生産の増加を図るため，従来から，いろいろな資源増殖手段が考案され，かつ実施されており，なかでも種苗の移殖，放流は資源の添加量に直接人が働きかける手法として特異なものである．海面では近年，ホタテガイやアワ

* 瀬戸内海栽培漁業協会玉野事業場

ビのような定着性動物についてその生産効果が実証されており，クルマエビ，ガザミのように比較的移動範囲の狭い種苗についても効果があがりつつある．魚類についても，種苗が安価に量産されるならば，カサゴ，カレイ類のような大きな移動，回遊を行なわない魚種であれば，その効果が予見される．もともと内水面の魚類については，この手法は別に目新しいことではないのであるが，海面でそれが問題となるのは，基本的には対象種苗の資源としての生活あるいは棲息分布の実態とそれが及ぶ海域の広狭と関連して，そこに種苗放流を最も効果的に挿入する方法に難易がある故だと理解される．種苗放流はそれが実効を挙げるために漁業生産の現状と，できればその在り方を考慮しつつ，どこに，どのような方法で，どれだけ（数量）の種苗（特定の大きさをもつ）を放流するかという技術が重要であって，魚種ごとにその資源，生活圏あるいは移動回遊の実態に応じてそれが決められることが必要である．このばあいに種苗放流の対象種に何を選ぶかということは単に当面の問題であって，できるだけ多くの魚種についてこの技術を導入できるようにすることが本来の目的といえよう．

現在，海産魚類の種苗放流について実効が期待されているものの筆頭はサケ・マス類であるが，これは母川回帰という生態的特性が種苗放流事業の支柱となっている．瀬戸内海栽培漁業センターで量産技術開発が行なわれているカサゴ，マコガレイ，マダイなども近年ようやく種苗放流技術の進展とともに事業として実施の段階に入いろうとしている．これらの種類が選択されたのは，経済価値が高いということのほかに，センターにおける種苗量産態勢によるものであって，特別に深い理由はない．ただ，現在，センターにおいて次に取り上げる種苗生産対象魚種として，サワラ，イシダイ，ハタ類などを考慮しているが，それは飽くまでも放流によって実効が挙がるという予測を欠いているわけではない．

瀬戸内海における種苗放流事業の展開に付随する当面のねらいの一つは，それによる実効によって漁業生産者の資源培養に関する理解を深め，意欲を盛り上げることであり，それが栽培漁業の推進に重要な意義をもつからである．

6.　稚魚の大量飼育

藤　田　矢　郎*

本邦において海産魚類ふ化仔魚の飼育研究が盛んになったのは，1950年代の後半からである．とくに量産研究が緒についたのは，1965年鵜川ら[1]がマダイの飼育に海水馴致のシオミズボワムシ（以下ワムシ）と天然採集のプランクトンを併用してからである．

大量飼育の大量の基準は，研究の発展過程，種苗の利用目的，飼育の難易などによって異なるが，ここでは数万ないし数百万程度とし，また生産の目標とする種苗の成長段階（大きさ）を，飼育餌料が活き餌から完全に魚介肉ミンチなどの死に餌に切り替った大きさの段階のものとする．

現在このような種苗が数万尾以上生産可能な魚のうち主要なものをあげると，マダイ，アユ，トラフグ，クロダイ，ヘダイ，イシダイ，メナダ，マコガレイ，イシガレイ，カサゴ，アイゴ，ブリなどがあるが，飼育方法は成長段階別にみると魚種による差異は比較的少ないので，今回はマダイを中心としてその方法を概説することにする．

§1.　採卵と親魚

採卵方法には，(1)天然魚直接採卵，(2)ホルモン刺激採卵，(3)養成親魚採卵がある．(1)は天然親魚から圧出法によって採卵し，人工授精する方法であるが，完熟魚が得られる機会にとぼしい．(2)は(1)のこの欠点を改善するために考えられた方法で，熟度の進んだ親魚に性腺刺激ホルモン（シナホリンが多く用いられる）を注射して採卵する方法である．(3)は天然魚に依存せず，養成された親魚を用い，水槽中で自然産卵させるか，産卵しない場合はホルモン注射によって採卵する．多回産卵魚では，大量の卵を毎日確実に入手できるので，この方

*　長崎県水産試験場増養殖研究所

法はきわめて有効な方法である．自然産卵によって採卵できる主要魚をあげるとマダイ，クロダイ，ヘダイ，イシダイ，イシガキダイ，キジハタ，スズキ，キス，カサゴ，アイゴ，ウマズラハギ，イシガレイ，マコガレイなどがある[2,3]．親魚養成とホルモン刺激の併用が必要な魚にブリ，ヒラマサ，カンパチ，シマアジなどがある[3]．

次にマダイを例として親魚養成自然産卵による採卵法を述べる．[4,5] 原魚は天然成魚，天然幼魚，人工種苗の何れでもよいが，幼稚魚からの養成には２～３年を要する．飼育方法は海面生簀で育成し，産卵期に陸上の産卵槽に搬入する方法と周年産卵槽で育成する方法があり，餌料は魚肉，配合飼料の何れでもよい．産卵槽は普通 40～100 トン槽を用いる．親魚の収容密度が高いと，１尾当りの産卵数が減ることが知られており，３～４才魚でトン当り 1kg 程度が適当である．性比は１：１．産卵数は３～４才魚で１尾１産卵期 300 万前後，１日平均５～10万である．産卵期は水温による地域差があるが，西日本で４月上旬～６月下旬である．しかし，全産卵数の70～80%が産卵中期の20日間前後で産卵され，産卵時刻は16時～22時が主体である．集卵方法は多くはオーバーフロー式排水口に集卵ネットを設置して集める．

§2. ふ　化

産卵槽で集卵した卵は，異物及び沈下卵を除去し，浮上卵を重量法（約1800個/g）か容量法（約1200個/cc）で計数し，流水水槽に垂下したふ化ネットで注水，通気を行なってふ化させるか，直接飼育槽に収容して通気を行ないながらふ化させる．ふ化率は80～90%である．

§3　飼　育

3·1　一次飼育と二次飼育

大量生産を目的とする場合多くの魚で，微小な活き餌を必要とする稚魚期前後までは，餌料生物の流出防止と仔魚の高密度飼育が可能なため，コンクリート水槽など水の透過性のない水槽で飼育し，稚魚期以降は魚体の成長にともなう分養の必要性と魚介肉ミンチ投与のための水質悪化防止の必要から，海面に設置した網生簀に魚を移して餌育する[5,6]．前者を一次飼育，後者を二次飼育，稚仔を海面生簀に移すことを沖出しと称する[6]．海岸が遠浅の所や急潮で海面が使用できない場所では，陸上水槽に分養して稚仔の魚介肉ミンチへの餌付けとその後の飼育を行なうが，これも二次飼育にふくめる．

ふ化稚仔の飼育方法については魚種による差異は比較的少ないので，マダイの大量生産を例にとってその方法を述べることにする．

3·2　飼育水槽と収容密度，沖出しの方法

実験飼育では0.5～1トンのパンライト水槽も用いられているが，生産槽には普通10～30トン，50トン，100～200トン程度のコンクリート槽が用いられる[6,7,8,9]．瀬戸内海栽培漁業協会[6]では，25～1200トン槽に6～25トンのキャンバス水槽を垂下し，ふ化後10～18日頃までこれで飼育して，その後コンクリート槽に稚仔を放養する方法がとられているが一般的ではない．長崎水試の海面小割方式による種苗生産では，ナイロンターポリン2×2×2m 槽を使用した．

二次飼育の海面生簀網の大きさは2×2×2m，3×3×3m程度のものが使用され，網の目合はもじ網240径（2mm目），160径，80径のものを用意し，成長に応じ使用する[7,8]．

一次飼育におけるふ化仔魚のトン当り収容密度は0.5トン槽で2～19万尾，10～30トン槽では1～5万尾，150～200トン槽では0.4～1.0万尾などである（表6·4)[6,7,8,9]．二次飼育ではトン当り0.18～1.7万尾，0.024～0.057万尾などの例がある（表6·4)[7,8]．

マダイの沖出しは10～12mmサイズで行なうのが適当と考えられるが（マダイは約10mmで稚魚期に達する），その方法には，陸上水槽から径30～50mmのサイフォンか底排水口から落差を調節してホースで海面に流下させる方法と稚魚をバケツで水とともにすくって運ぶ方法がとられている．しかし，前者には奇型魚発生の原因になる懸念が残る．また，沖出し予定魚は餌止めを行なうとへい死を防ぐことができる．

3·3　飼育水とその管理

一次飼育においては，飼育水は天然海水か砂沪過海水を用い，これにクロレラをうすく（30～40 万細胞/cc）添加する場合が多い．明るい室内や屋外水槽では，クロレラ（又は硅藻）が自然増殖し，pH が急上昇することや，溶存酸素の過飽和を生ずることがある．後者は仔魚の気泡病の原因となる．これらを防ぐには流水にするか，遮光幕を用いる．しかし，明るさが 1,000Lux 以下になると仔魚の餌付が不良になる．また pH は 8.6 以上にはしない方がよい．クロレラや硅藻が急に消滅する場合は水の状態がよくない．マダイでは海水の比重は 1.020～1.025，水温は16～23°C の範囲にあり，急激な変化がなければ問題はない．

二次飼育で 2 mm 目の網を使用している期間は，目づまりが起こり海水交流が悪くなりやすいので 3 日に 1 回程度の網替えを要する．

3·4　餌の種類と餌料系列

種苗生産の初期餌料としての必須条件は，(1)稚仔魚が捕食すること，(2)消化吸収が充分行なわれ，稚仔が正常に成長すること，(3)その餌の必要量が確実容易に入手できることである[10]．1954 年から 1965 年頃にいたる有効餌料の探索期[11]を経て，現在では殆どすべての海産魚の種苗生産に通用する餌料系列，二枚貝幼生（投与期間，ふ化後 3 日から 8 日頃まで）→ワムシ（ふ化後 4 日から 30日）→甲殻類プランクトン（13日～18日から35日）→魚介肉ミンチ（15日～25日以後終了まで）が確立されている[10]．この餌料系列において，ふ化仔魚が 2.3mm 以上の魚においては，最初の餌をワムシから初めてもよい．

多くの魚で，仔魚後期から稚魚期への変態前後の餌料切り替え期に甲殻類プランクトン（アルテミアも含めて）がきわめて有効で，これとワムシ，魚介肉ミンチとの混合投与によって順調に魚介肉ミンチに切り替えることができる．

マダイについては，ワムシの大量投与によって甲殻類プランクトンをかなり節減できることが明らかになってはきたが[7,8,9]，甲殻類プランクトンは稚仔の栄養と関連があるらしく，これを欠くと脆弱なものや奇型魚が出現しやすい傾向がある．

上述の餌料について，ワムシはクロレラ，酵母などを餌としてかなり大量に増殖させることができるが，甲殻類プランクトンは現状では増殖方法が殆ど解明されておらず，主として天然採集に依存しているので入手量が不安定である．これを補うものとして，アルテミアが用いられているが，これの大量連続投与は稚仔のへい死を招くことが多いので，補足的にしか利用できない[12,13,14,15]．これらのことが，種苗の大量生産の障害の一つとなっている．

3·5　摂餌量と給餌量

3·5·1 摂餌量　　飼育水槽当りの給餌量を決定するには少なくとも現存尾数，1尾当りの日間摂餌量を知る必要がある．摂餌量は魚の種類，大きさ，餌の種類，水温などによって異なるが，これらに関する魚種別研究例が少ない．

北島ら[16]によれば，マダイ稚仔のワムシに対する日間摂餌量は表6·1の通りである．伏見[8]によればワムシ1個の重量は3γであり，表6·1の日間摂餌量

表6·1　マダイ稚仔のワムシ日間摂餌量

ふ化後日数	全長	摂餌ワムシ数	摂餌率	備考
7日	3.9 mm	60個	36%	夜間全く摂餌せず
11	5.1	144	33	〃
15	6.7	726	65	〃
23	10.1	1800	36	夜間無点灯摂餌せず
24	10.1	2500	51	点灯すれば摂餌す

註：ワムシの体重3γ

は体重の33～65%である．なお，ふ化後23日，10.1mmまでは夜間点灯の有無にかかわらず，マダイ稚仔は摂餌しない．

マダイの1回の飽食量は北島ら[17]によれば，ワムシについては全長4mmで20個，6mmで40～50個，8mmで100個，9mmで180個，10mmで250個で，飽食から消化管が空虚になるまでの時間は1～2時間である．チグリオパスは8mmで20個，10mmで80個，12mmで250個である．

3·5·2 給餌量　　マダイを例として一次飼育における成長段階別のワムシの日間給餌量について述べる．

給餌量をきめるには，水槽別の現存尾数，1日1尾当りの摂餌量，餌料の可

食密度，流水などによる餌の消失率などを知る必要がある．可食密度を1～2個/cc，消失率を1日1/3～1/2（換水率を1/3～1/2とする）とすると，給餌量は少なくとも摂餌量の1.5～2.0倍程度が必要となる．

マダイのトン当り収容尾数を3万尾，生残率をふ化後5日で90%，10日85%，15日55%，20日40%，24日で35%，27日の一次飼育終了時で30%，給餌培率（日間給餌量／日間摂餌量）を1.5～2.0とし，表6•1の摂餌量を用いてふ化後7日，10日，15日，20日，24日，27日の飼育水1トン当りの日間給餌量を求めると表6•2の通りになる．

表6•2　マダイの成長段階別ワムシの日間給餌量

ふ化後日数	生残率	トン当り現存数	全長	体重	ワムシの日間摂餌量	給餌倍率	トン当り日間給餌量	cc 当り日間給餌量
日	%	尾	mm	mg	個	倍	個	個
1	100	3.00×10⁴	2.35	—	—	—	3×10⁶	3
7	95	2.85 〃	3.90	0.5	60	1.5	3 〃	3
10	85	2.55 〃	5.10	1.3	144	1.5	6 〃	6
15	55	1.65 〃	6.70	3.37	726	1.5	18 〃	18
20	40	1.20 〃	8.50	—	1500	2.0	36 〃	36
24	35	1.05 〃	10.10	14.70	2000	2.0	42 〃	42
27	30	0.90 〃	11.00	—	2500	2.0	45 〃	45

註：当初収容尾数を 3×10^4 尾とする．

伏見[8]はワムシの給餌量を仔魚の体重との比率で，体重の1/4，1/2，1，2，4倍の給餌実験を行ない，仔魚の成長と生残率からみて一次飼育では体重の0.8～1.0倍が適量と思われる結果を得ている．また，ふ化後20～25日の間の稚仔魚について天然コペポーダ（主体はアカルチア，1尾23.3γ）の給餌量についても同様の実験を行ない1～2倍，又はそれ以上が必要と思われる結果を得ている．

沖出し後の二次飼育では，アサリ，アカエビ，イカナゴなどの混合ミンチが用いられ，餌付け用としてはアサリが良好とされている．完全に餌付きするまでは日中間断なく投与をくりかえす必要がある．二次飼育の初期には，ミンチのほかに夜間生簀網の水面上に集魚灯を点灯して，コペポーダ類の自然給餌を計るか，昼間アルテミアを与えることが行なわれている．

3·6 成　長

成長は魚種によって異なるが，同一種においては飼育管理が適正であれば，水温の影響が最も大きい．今までに飼育が試みられた主要魚について成長例を示すと表6·3の通りである[4,5,18,19,20,21,22]．

表6·3　人工採苗主要魚の成長

ふ化後日数 / 魚種名	5	10	15	20	25	30	40	50	60	水　温
	mm									°C
マダイ	3.4	4.2	4.8	7.3	8.9	9.8	15.0	30.0	—	16～21
クロダイ	2.7	3.8	4.8	6.4	8.0	10.0	21.0	—	—	
イシダイ	3.5	4.4	5.3	8.7	—	19.0	27.6	45.0	70.5	23.3～27.8
ブリ	4.5	6.0	7.7	12.1	—	30.0	—	80.0	100.0	21.0～27.5
トラフグ	3.0	4.5	5.6	6.8	8.3	9.8	20.0	32.0	45.0	16.0～21.0
スズキ	5.2	6.5	7.4	8.8	9.6	11.7	14.2	18.8	24.2	
ヒラメ	3.0	5.6	6.4	8.4	10.0	—	13.2	—	25.0	12.3～16.5
マコガレイ	4.1	5.0	—	6.8	—	8.0	9.6	—	21.1 (90日)	10.0～15.8
メナダ	3.5	5.5	7.5	10.5	—	15.4	20.1	26.0	38.5	19.0～23.6
アイゴ	—	4.7	12.9	20.0	41.0	72.5	—	—	130.0	26.8～31.4
ヒラソウダ	—	5.4	—	—	54.2	51.5	60.0	—	—	22.6～28.6
マルソウダ	—	5.2	7.8	49.0	—	—	140.0	—	—	22.5～27.5

一般に秋冬期産卵魚の成長は悪く，夏期産卵魚は速かで，春から初夏に産卵する魚はこれにつぎ，これらはふ化後30～40日で完全にミンチ肉に餌付きし，ふ化後40～50日で養殖種苗に達する．

3·7 へい死と生残率及び生産量

3·7·1 へい死の時期　種苗生産における最終生残率（歩留り）は魚種による差異が大きいが，へい死が起こりやすい時期には共通性があり，これを第1期，第2期，第3期に分けることができる．

第1期は卵黄吸収期の前後で，適正な飼育管理が行なわれている場合は，原因は卵質の不良，卵発生管理の不適当，先天的奇型，餌付き不能，その他ふ化以前の問題と考えられ，大量にはへい死しないのが通常である．第2期は後期仔魚の仔魚膜鰭に，背鰭，臀鰭，尾鰭のくびれが生じ，背，臀鰭の基底及び鰭条原基が生ずる時期の前後で，春～初夏産卵魚ではふ化後12～17日頃に当る．第2期はいったん餌付きした仔魚がへい死するもので，餌料不足，餌付き不良，水質悪化，餌料の栄養的欠陥，病気などの原因が考えられるが，この時期の減耗が最も大きく歩留りを左右することが多い．第3期減耗は仔魚後期から稚魚期への移行期前後で，餌料的にはワムシから甲殻類プランクトンの混合投与を経て魚介ミンチへ移行する時期である．その時期以前のワムシの不足による成長の不揃い，甲殻類プランクトンの不足，小個体のミンチへの餌付不能，大小個体の共食い（咬み殺し）などが原因である．共食いは第3期減耗の主因の一つであるが，これは種特有の習性で，ソウダガツオ類，ブリなどではきわめて激しく，マダイ，トラフグなどもかなり激しい．アイゴ，メナダ，ムラサキシタビラメでは共食いは全く見られない．アユ，イシダイでは極端な成長差がある場合以外は見られない．

3·7·2　生残率　種苗生産における最終生残率は魚種による差が大きく，2，3の重要魚について例を示すと，トラフグ，メナダ，マコガレイなどは40～50

表6·4　種苗生産におけるマダイの生残率と生産量

	機関名	水槽容量	トン当り収容密度	終了時の大きさ	生残率の範囲	平均生残率	トン当り生産尾数	総生産尾数
		トン	$\times 10^4$尾	mm	%	%	$\times 10^4$尾	$\times 10^4$尾
一次飼育	長崎水試（1974）	7～28	1.4～3.9	8.5～12.7	9.3～62.5	19.3	0.15～1.4	135.2
	〃	30	1.5～7.5	7.3～11.4	0.8～7.5	5.1	0.024～0.43	
	広島水試（1974）	0.5	3.7～9.7	10.0～12.0	25～50	41.0	2.0～5.7	31.9
	〃	7～10	0.9～2.1	11.8～23.6	9.3～31.7	15.0	0.09～0.38	
	〃	50	1.0～1.5	26.8～23.1	2.3～2.9	2.56	0.028～0.034	
	熊本水試（1974）	0.5	2.4～18.6	7.5～8.6	11.0～68.5	28.8	1.14～4.4	
	栽培協会上浦（1973）	50	0.32～0.47	6.9～7.7	13.4～20.7	17.4	0.041～0.096	
	〃	200	0.23～0.55	7.9～8.2	12.2～20.8	15.2	0.044～0.08	
	同上伯方島（1973）	25	1.0～1.5	6.8～9.4	1.2～16.7	3.3	0.02～0.06	
	〃	150	0.4～0.57	6.8～8.2	4.8～29.6	14.1	0.02～0.13	
二次飼育	長崎水試（1974）	5.5 (2×2×2^{m})	0.18～1.74	21.0～43.0	16.0～71.0	33.0	0.13～0.55	
	広島水試（1974）	22.5 (3×3×3^{m})	0.024～0.057	1.46～8.6g	13.2～78.1	62.1	0.01～0.044	
綜合	長崎水試（1974）					3.6		41.0
	広島水試（1974）					7.3		17.4
	熊本水試（1974）					—		10.5

%，アユでは30%内外，マダイ，イシダイでは4～7%，ブリでは1%以下である．

マダイについて2，3の研究機関が出した生残率を一次，二次，綜合に分けて示すと表6･4の通りである[6,7,8,9]．終了時の稚仔の大きさが異なるので比較はむつかしいが，一次飼育では0.5トン槽で11～67%の範囲（平均30～40%），7～10トン槽で9～60%（平均15～20%），30～50トン槽で1～21%（平均3～17%），150～200トン槽で5～30%（平均14～15%）である．二次飼育でも沖出し時の稚魚の大きさが異なるので比較は困難であるが，平均30～60%程度である．一次，二次飼育を綜合しての有効種苗段階での歩留りは4～7%である．

3･7･3　生産量　飼育に10トン以上の水槽が用いられ，10万尾以上の種苗が安定して生産されている魚種について，生産量を飼育水1トン当りの生産尾数で示すと，マダイ10mmサイズの一次飼育では0.2～1.4万尾[7,8]，アユは40～50mm放流サイズで0.1～0.3万尾[4]，トラフグは18～22mmの種苗サイズで0.1万尾[20]，メナダは30～40mmの放流サイズで0.5万尾[21]などである．

また，マダイについて10万尾以上の養殖種苗の生産が行なわれている2，3の研究機関のトン当り生産量を一次，二次，綜合に分けて表6･4に示した[7,8,9]．一次飼育のパンライト0.5トン槽ではトン当りに換算すると1.1～5.7万尾，10トン前後のコンクリート槽では0.18～1.4万尾，30トン槽では0.02～0.4万尾，150～200トン槽では0.02～0.13万尾などである．二次飼育の有効5.5トン網ではトン当り0.13～0.55万尾，22.5トン網では0.016～0.044万尾などの例がある[7,8]．

一次，二次飼育を綜合しての1機関当りの総生産量は1974年の例では，41万，17万，11万尾などの例がある[7,8,9]．

一次飼育におけるトン当り生産量及び生残率は，小型槽ほど高い傾向があるが，これは小型槽の方が飼育管理，主として餌料密度の維持が容易なためと考えられる．しかし，大量飼育には管理労力の面で大型槽の方が有利であり，ワムシの増殖技術の進歩により将来は大型槽のトン当り生産量も増大できるものと考えられる．また，生産量は当初放養尾数と歩留りの積で表わされるので，これを最大にする収容密度と歩留りを水槽別に実験的に求めておく必要がある.

§4 餌料の培養，または採集

4·1 ワムシ

大量培養は大型水槽（100トン以上）による粗放的方法と小水槽（1トン程度）による高密度培養との2方法が行なわれている．間引き採集を行なう場合の前者の維持密度は1cc当り50～60個，後者では400～500個程度である．ワムシの培養餌料には，クロレラ，パン酵母，その他の酵母などが用いられている．粗放培養では酵母を主体としクロレラを常時併用し，高密度培養では酵母単一餌料で増殖させ，稚仔に投与する前にクロレラを摂取させて使用する場合が多い．酵母の投与量はワムシ100万に対し1日1g程度を基準とする．

いま，10mmサイズのマダイ100万尾を生産しようとすれば，ピーク時には1日50億個程度のワムシを必要とするが，これの生産には粗放培養では200トン槽4基程度を必要とし，かつ，ワムシの増殖のピークと必要のピークを一致させることが必ずしも容易ではなく，ワムシの安定した大量培養技術の確立が必要である．

4·2 甲殻類プランクトン

有望種として，アカルチア，オイトナ，チグリオパスなどがあるが，現状ではある程度人工的に増殖させて使用できるものはチグリオパスだけである[23]．しかし，その方法はワムシの粗放培養池に予め本種を接種すると2～3週間後に1cc当り1～2個程度に増殖するのでこれを採集使用している現状で計画的量産はむつかしい．そこで，天然プランクトンに依存せざるを得ない．これの採集方法は夜間の灯火採集か，潮流利用のネット採集で，主としてアカルチア，オイトナなどを利用している．しかし，採集量が不安定なため，甲殻類プランクトンの人工増殖方法の解明が種苗量産技術の展開のための急務と考えられる[10]．

§5 2，3 の特殊な問題

5･1 アルテミア幼生または酵母ワムシを餌料とした場合の稚仔の活力低下とへい死現象

5･1･1 アルテミア幼生 ワムシで仔魚後期末まで飼育した変態期前後の稚仔を魚介肉ミンチに餌付きさせる時期に甲殻類プランクトンは最もすぐれた餌料であるが，現状では前述のようにこれの入手が不安定なため，市販のブライン・シュリンプをふ化させたアルテミア幼生が補助的に使用されている．しかし，アルテミア幼生を単独に連続投与すると多くの魚で大量へい死が起こり[12,14]，へい死しないものも活力の低下を生じ，かつ，この現象は魚種による差異があることがわかっている[10]．魚種間の比較を行なえば，メナダ，アユ，トラフグ，イシダイ，マダイ，ブリの順にアルテミアの連続投与に弱い．メナダは最も強いが，アユは14日，トラフグ，イシダイは1週間，マダイ，ブリは3～5日程度で大量へい死が起こる．これらの魚にアルテミアを使用する場合は，仔魚後期末以前には使用せず，この時期前後にも補助的に天然採集のプランクトン，ワムシ，魚介肉ミンチと混合投与するとこれらの現象が緩和できるので，その間に魚介肉ミンチへの餌の切り替えを行なっている[13,15,24]．

へい死，活力低下の原因としては，残存農薬説，消化不良説，栄養欠陥説などがあるが，不明な点が多い．天然プランクトンの連続投与ではこのような現象は全く見られない．

5･1･2 酵母ワムシ 酵母餌料単一で培養したワムシで一次飼育を行なうとマダイ，イシダイでは生残率及び稚仔魚の活力が低下し，沖出しなどの作業で大量にへい死することが知られている[8,9]．これを予防するには，ワムシ培養に当り餌として酵母とクロレラの併用，または投与前にワムシにクロレラを摂取させるなどの方法がとられ有効とされているが[9]，その栄養的関係については不明である．

また，現状では一次飼育の餌料として大量培養が可能なものがワムシ以外にはないので，殆どワムシだけを使用しているが，稚仔魚の栄養要求上これでよいのか否かは検討の必要がある．

5･2 共食い（咬み殺し）

魚種によっては，仔魚後期末から稚魚期にかけて，成長に不揃いが生じた場合，大型魚が小型魚を咬み殺すか，又は食う習性がみられる．この習性は魚種によって異なり，激烈なものから殆ど，又は全くみられないものまで種々の段階があることは前述した通りである．今までの例では，成魚が魚食性の強い魚にはこの習性が激しく（ソウダガツオ，ブリ，マダイ，トラフグなど），雑食性（植物性）のものには（アユ，メナダ，アイゴなど）殆ど見られない傾向がある．減耗の原因として共食いは重要で，これの見られない魚の飼育は容易で歩留りも高いので，有効な大小の選別方法が開発できれば歩留りは向上するものと考えられる．しかし，この時期には稚仔が脆弱で篩などによる選別はむつかしく，現状では充分な投餌によって成長の不揃いを防ぐ以外に方法がなく，この点からも餌料の大量培養技術の改善が望まれる．

5･3 奇 型

人工採苗魚にはかなり高率に奇型が出現する場合があり，マダイでは10～20%程度は通例である[26]．マダイの脊椎骨の奇型は，レントゲン検査では稚魚期の初め頃から検出されているが[26]，多くの魚で肉眼的に明瞭になるのは幼魚期又はそれ以後である．奇型の出現率が高い魚と低い魚があり，前者にはマダイ，ブリ，スズキ，後者にはインダイ，トラフグ，メナダなどがある．また，同一魚種でも研究機関によっては殆ど出現しない例もある[8]．

原因としては，(1)卵稚仔の取扱い（集卵，卵発生，沖出しなど）に起因する物理的要因，(2)餌料に起因する栄養的要因，(3)親魚に由来する先天的要因，(4)栄養的なものと物理的なものとの複合などが考えられるが，現状では不明な点が多い．しかし，かなり高率に発生する魚があるので，種苗生産技術上重要な課題である．

奇型を出現部位と形態によって類別すると，頭部骨格奇型（マダイ，ブリ，その他），脊柱蛇行型奇型（ブリ，スズキ，その他），脊柱の垂直方向逆へ字型奇型（マダイ），脊椎骨癒合と神経棘及血管棘奇型（マダイ，アユなど），背面凹入奇型（マダイ），尾鰭歪形奇型（アユ）などが多い．カレイ，ヒラメ類ではアルビノの出現率が高い．マダイでは脊柱の逆ヘ字型奇型の出現率が高く40〜50％に達することがある[26]．

文　　献

1) 瀬戸内海栽培漁業協会：栽培漁業技術の展開(昭和38〜43年度)．189〜206(1969)．
2) 平野礼次郎：魚類の成熟と産卵（現状と問題点—海産魚）．「水産学シリーズ」(6) 15〜17，恒星社厚生閣，東京（1974）．
3) 原田輝雄：同上（環境と成熟・産卵—海産魚）．同上．66〜75，(1974)
4) 北島力他6人：昭和48年度マダイ人工採苗試験．増養殖に関する研究報告—Ⅱ，長崎水試登録 **373**，1〜12（1974）
5) 北島力他7人：昭和47年度マダイ人工採苗試験．同上—Ⅰ，長崎水試登録 **356**，1〜15．(1973)
6) マダイ資源培養プロジェクトチーム：マダイ種苗量産技術開発．瀬戸内栽培漁業協会資料No.8，51pp（1974）．
7) 北島力他7人： 昭和49年度九州・山口ブロックマダイ種苗生産研究連絡会議資料(長崎水試)，(1974)．
8) 伏見徹： 同上（広島水試)，(1974)
9) 平田満・隅田征四郎：同上（熊本水試)，(1974)．
10) 藤田矢郎：魚類種苗生産の初期餌料としてプランクトンの重要性．日本プランクトン学会報，**20**(1)，49〜53（1973）．
11) 平野礼次郎・大島泰雄：海産動物幼生の飼育とその餌料について．日水誌，**25**(2)，283〜297（1963）．
12) 伏見徹：マダイ種苗生産に関する研究—Ⅱ．2，3の餌料が稚魚の生残と成長に及ぼす影響．広島水試研報，**1**，49〜54 (1968)．
13) ——：同上—Ⅵ．*Tigriopus* と *Artemia* の併用による稚魚の給餌試験．同上，**3**，29〜34（1972）．
14) 高見東洋・宇都宮正・前川兼佑：アユ *Plecoglossus altivelis* T. & S. の種苗生産に関する研究—Ⅰ．初期幼生の摂餌について．山口内海水試調研，**17**(1)，2〜16（1969）．
15) 高見東洋・同上—Ⅱ．アユ仔魚期におけるシオミズツボワムシの代替餌料と効果的投与法について．同上，**18**(1)，59〜64 (1969)．
16) 北島力他4人：マダイ稚仔魚の日間摂餌量について．昭和49年水産学会九州支部第1回例会要旨（1974）
17) 北島力・飯島康夫・岩本浩：マダイ稚仔魚の成長に伴なう飽食量の変化．増養殖に関する研究報告—Ⅱ．長崎水試登録 **373**，13〜15（1974）
18) 原田輝雄・村田修・宮下盛：ヒラソウダの人工ふ化と仔魚飼育について．近大農紀要，**6**，109〜112（1973）
19) ——・——・——：マルソウダの人工ふ化と仔魚飼育について．同上，**6**，113〜116（1973）．
20) 高見東洋・河村勇一・岩本哲二：トラフグの種苗生産に関する研究と量産化について．山口種苗センター栽培技術開発，**1**，47pp．(1974)．
21) 福所邦彦他3人：メナダの種苗生産．増養殖に関する研究報告—Ⅰ．長崎水試登録 **356**，23〜24（1973）
22) 藤田矢郎他7名：種苗生産技術研究（ブリ）報告書—Ⅴ．昭和46年指定研究（長

崎水試）長崎水試登録 **336**, 13pp(1971)

23）北島力他４人：コペポーダの培養試験．増養殖に関する研究報告—Ⅱ．長崎水試登録 **373**, 74〜75 (1974).

24）福所邦彦：イシダイ稚仔魚飼育餌料としての *Artemia* 幼生．水産増殖 **21**, 71〜75 (1974).

25）北島力他３人：人工採苗マダイの脊柱屈曲の症例と発生率．増養殖に関する研究報告—Ⅱ． 長崎水試登録 **373**, 16〜19 (1974).

26）北島力他３人：人工採苗魚の奇形原因の究明と防除に関する研究．昭和49年度指定研究種苗生産報告書(長崎水試)(1974).

〔付議〕 海産稚魚の大量飼育

茂 野 邦 彦*

「稚魚の大量飼育」すなわち「稚魚の大量生産」という考えのもとに，現在そして将来，その言葉が意味するものと，その技術の内容，技術開発へのアプローチについて，私見を述べる．

1974年に西九州五県の海域で養殖用種苗として採捕されたマダイの数は，福岡162万尾，佐賀50万尾，熊本170万尾，長崎54万尾，鹿児島230万尾，合計666万尾といわれている．また，鹿児島県が実施したアンケート調査によれば，将来もし欲しいだけの数量の種苗が供給されるなら養殖したいとするマダイとイシダイの年間希望種苗数は1,200万尾であった．

一方，これら五県が1972年と1973年に共同で実施した，同海域のマダイに関する資源生態調査の結果によれば，3才未満の若年魚の漁獲を30%増加するに必要な有効放流尾数は3,500万尾と試算されている．これを関係五県で均等に分担放流すれば，1県当り700万尾となる．

何れの場合も，現在の海産魚の稚魚生産の実績数量と将来期待される量との間に，きわめて大きな差を認めざるを得ない．

藤田らによれば，「現在ではほとんどすべての海産魚の種苗生産に適用する飼料系列として，二枚貝幼生，ワムシ，甲殻類プランクトン，魚貝肉ミンチが確立されている．孵化仔魚が2.3mm以上の魚では，最初の餌料をワムシから始めてもよい」とされているが，この餌料系列での最大の生産実績は100万尾に過ぎず，ワムシの増殖のピークを需要のピークにあわせづらいこと，甲殻類プランクトンの採集が量的に追いつかないこと，魚貝肉ミンチ給餌の非省力性および鮮度・栄養の不安定性など，ほぼ全生産工程にわたり，果して量産に対応できるか疑問が多い．

---

* 鹿児島県水産試験場

この餌料系列にしたがって1,000万尾のマダイ生産を行なうには，3か月以内に約2.5トンのシオミズツボワムシを培養し，3.5トンの甲殻類プランクトンを採集しなければならない．とくに後者については実際問題として実現は至難と思われる．

一般に多くの産業分野において，初期の生産段階では，手作り的な生産技術から発足するが，後日大量生産に移行すると，その生産技術の内容の変化はいちじるしく，殆ど初期の原形をとどめないほどの変貌をとげることが珍しくない．海産稚魚飼育の現状は，いわば最初に経験すべき手作り的な技術段階にあり，もし将来一魚種1,000万尾あるいは，それ以上の生産目標をかかげるのであれば，第一の段階を終えた現在，今後の大量生産へのアプローチの在り方をじっくり考える必要があろう．昨年度10万尾作れたから，今年はもう少し歩留まりを向上させ20万尾作ろう．そして将来1,000万尾までもって行こうというような積み上げ方式はきわめて迂遠であり，また無意味である．

かつて，クルマエビの種苗生産は，たまたまこのような積み上げ方式を繰り返したすえ，1962年に1シーズン1,000万尾の生産数量が達成されたものの，その技術の内容は大量生産技術とはいえなかった．

すなわち，作業工程の標準化が行なわれず，経験とカンと努力の集積を昼夜兼行で繰り返したもので，おのずから経済性も普及性も欠いたものとなった．かりにこれを第一の段階とすると，第二の段階は，1964年に到達したもので，大型水槽を用いていわゆる Community culture 的な大量飼育技術が用いられるようになった．この方法では，栄養塩を添加して，飼育水中に種苗とその餌料生物の高密度の Community を維持してゆくもので，水槽の大型化と相まっていちじるしく省力化が進み，経済性も普及性も満足させ，これで問題は片付いたかにみえた．ところが，この方法では Flora の制御は意の如くならず，時には不消化と思われる硅藻が優占種となったり Bacteria や Protozoa の増殖を異常に高めたりして，総合的な飼育条件が不安定となり，種苗の幼生の発育が思わしくなかったり，時には大量へい死を繰り返すなどの欠陥が出てきた．この対応策として次の第三の段階に入った．第三の段階では，水槽内ではクルマエビ幼生だけを単独飼育することを原則とし，餌は特に開発した配合飼料を与え，補助飼料として別に大量に純粋培養した硅藻 *Chaetoceras* sp.（単細胞，暖海性）を与えるようになった．実験によれば，飼育中の歩留りは変わりないが，このような硅藻の補助飼料を併用した方が，P_6* までの飼育日数を2日短縮（約25°C）できた．このような配合飼料は，さらに性能を向上させれば硅藻は不要になるものと思われる．このように飼い方が変化してくると，水槽の構造は，初期から配合飼料が思うように投与できるような機能をもち，しかもかなり大型であって欲しい．

次に期待される第四の段階では，さらに配合飼料および水槽の性能面のシステム化をはかり，水槽のモデルを用いた実験を繰り返し，プロセス全体のシステム設計を行ない，大量生産を実現しうる状況となった．クルマエビの種苗生産が，その発足当初，直方体の小型の水槽を用い，Zoea には硅藻類，Mysis には二枚貝幼生，ワムシなどを追加し，Post larva にはアサリのミンチ肉を与えるといった複雑な工程をとっていた頃と比べて，内容的に大きな進歩をとげた．

現在の海産魚の飼育施設とその餌料系列なるものは，ちょうど，クルマエビの種苗生産研究の初期のころとよく似ていて，未だ各要素が単純に羅列されただけのものであって，その間の有機的連繋はすべて人の経験とカンと努力の集積に依存しており，プロセス全体にわたってシステム化されていない．

一般に，種苗生産の担い手は生物技術者ばかりで占められているせいか，餌の選択はまず生物餌料，次いで生鮮魚貝肉を考え，水槽の構造といえば迷わず無造作に四角四面の貯水槽を作ってしまう．しかし種苗の大量生産という仕事は，生物に関する知見だけで対応できるものではない．栄養化学，飼料製造学，電子工学，プラント工学など多岐にわたるシステム工学の分野と考えるべきものであろう．現状では稚仔の栄養要求，発育初期用の配合飼料等に関する研究は見るべきものがなく，肝心なハードウェアであるはずの水槽の機能について研究している者も皆無といってよい．元来，生物技術者には生物餌料ない

---

* post larva 第6日

しは，生鮮な魚貝肉に優る餌はないという考えがあり，配合飼料に対するかなり根強い不信感があることも否めない．思うに種苗生産に用いる稚仔用の配合飼料は，所要量としてはきわめて僅かなものである反面，高性能のものが作られた場合の利便は計り知れぬほど大きい．しかもコストの制約はほとんど無く，材料は幅広く選択できて如何ようにも栄養価を高めることができるので，これほど興味深くまた意義ある研究分野はないといっても過言ではない．クルマエビは今日ではふ化直後からマーケットサイズまで，一貫して配合飼料だけで健全に飼育がなされているが，この可能性を数年前に誰が信じることができただろうか．私は，将来海産稚魚の大量飼育が軌道に乗る場合，相互にシステム化された高性能の配合飼料と，それに対応する飼育装置がその鍵を握ることを信じて疑わない．

質　疑

I　稚魚の消化系

座長　岩井　保（京大・農）

田中（克）に対して

佐藤(東北大・農)　鰓耙の発達はいつごろか.

田中(西海区水研)　厳密には調べてはいないが，魚種によって異なり卵型が大きく卵期が長い魚種，例えばサヨリ等では仔魚後期に鰓耙は分化し始めるが，種苗生産の中心的な対象種である浮遊卵性の仔魚では鰓耙の分化は稚魚期に移行後である.

佐藤　餌の選別はいつごろからか．また，形態との関連はどうか.

田中　仔魚後期の餌の選別には鰓の発達も重要だが，視覚による選別も重要である．稚魚段階のものでは視覚による第一次選択の他に，口腔・咽頭腔に分布する味蕾や鰓耙による二次的選択も生じると思われる.

藤田(長崎水試)　仔魚期から稚魚期への移行期には，消化系の発達は日数を要するか．徐々に形成されるのか．急速なのか.

田中　同一個体の変化を追究することは困難なので厳密なことはいえないが，例えばクロダイでは私の飼育例では，ふ化後24～25日ごろ胃腺が分化し始め，30日を過ぎる頃には機能的になる．一方，幽門垂はふ化後30日ごろから分化し始め，その後の伸長は漸進的である．これらの変化は背鰭，臀鰭等の原基の形成から完成への過程とほぼ対応している.

伏見(広島水試)　人工種苗生産において仔魚期の人工飼料化は種苗の大量生産のために必要であるが，仔魚は乾燥した人工飼料を消化することができるのだろうか.

田中　仔魚後期全般を通じ直腸では飲細胞運動によるたん白質の高分子状態で摂取が行なわれていることは事実である．しかし，この事実はアミノ酸による吸収の存在を否定するものではなく，仔魚の腸上皮の微細構造はアミノ酸の吸収の可能性を示唆している．とくに幼生プランクトン中に遊離の状態で含まれるアミノ酸は蠕動運動等の機械的消化により腸内腔に押し出され吸収されると考えられる．腸上皮が仔魚後期には脂肪の中心的な吸収および蓄積に重要な役割を果しており，その意味では直腸での高分子状態での摂取がたん白質の吸収に占める位置は大きいと思われる．この際，仔魚にとっては利用しにくいたん白質も無選択的に取り込まれ消化不良を起こす可能性があるので，人工飼料の開発に際しては，たん白質の質に注意を払う必要があろう.

佐藤　直腸からのたん白質のとり込に，食細胞 phagocyte は関与しないのか.

田中　消化機構の点からいえば，直腸でのたん白質の摂取はより原始的な細胞内消化に属し，基本的には遊走細胞が固形物をとりこむときの phagocytosis と似ているが，仔魚の場合は上皮細胞遊離縁の細胞内への陥入による飲細胞運動 pinocytosis による摂取である．

隆島(東水大)　仔稚魚の消化機能の発達状況を検討する場合には，器官形成の形態学的側面のみならず，機械的動きも考慮すべきだと思う．口腔のそしゃく，胃の収縮，腸の蠕動など消化管の運動機能の発達はどのような経過をたどるものなのか．

田中　後期仔魚の摂餌機構は比較的単純で，前腸（両顎・口腔・咽頭腔）における両顎歯・咽頭歯・味蕾等の発達は十分でなく，主として視覚的に摂餌された餌料生物は比較的すみやかに腸の後部へ送られ，蠕動運動等の機械的消化を受け，遊離しやすい栄養物が内腔へ押し出され吸収される．一方，稚魚段階になると両顎歯・咽頭歯・味蕾等により前腸である程度の選択と部分的消化を受けた餌は胃に滞留し，ペプシン等による化学的消化を受ける．この際，胃壁や細菌起源のキチナーゼにより，動物性プランクトンの殻が消化されるのではないかと考えられる．その後，腸へ送られた餌は種々の消化酵素により分解を受けるものと考えられる．このように餌料生物からの栄養物質の抽出方法は後期仔魚期の機械的消化から稚魚期の化学的消化へと発展するものと思われる．

川合に対して

佐藤　仔稚魚の小型個体から酵素を抽出する方法について．また，酵素の抽出液はなにを使ったか．

川合(大阪市環境科学研)　ニジマスのようなふ化仔魚の比較的大きなものについては100個体について消化管全体を摘出し，クロダイのような小さい仔魚については仔魚全体（約2,000個体）に適量の水を加えてすりつぶし，ホモジネートを遠心分離し，その上清を粗酵素液とした．

Ⅱ　飼育条件と発育
Ⅲ　種苗の大量生産

座長　古川　厚（日本海区水研）
座長　小笠原義光（東水大）

原田に対して

岡本(南西海区水研)　海産魚の雑種を作る場合に，F_1に表現されやすい，あるいは期待し得る形質を知るための目安のようなものがあるか．

原田(近畿大・農)　人工交配の際，出やすい形質としては，色でいうと黒と白とでは黒の方が出やすく，ふ化率は低くてもその後の生残率は高い．また，塩分の低下に対する抵抗力は，抵抗力のある方の形質が出やすいことに気づいている．

岡本　海産魚における交雑種で，仮に推奨種をあげるとしたら，現在どのようなものがあるか．

原田　今後推奨すべき人工交配については，クロマグロのすれやすい性質をもっとすれにくくして飼育しやすくするため，他のすれに強い魚種を掛け合わせてはどうかという夢をもっている．多くの形質はすぐれているが何か一つの欠点のため優良種とならないものに，その欠点を補うような性質をもったものを掛け合わせることがよいのではないか．

茂野に対して

原田　種苗の大量生産のもとになる親づくりは，クルマエビではどのように進んでいるか．

茂野(鹿児島水試)　採卵のためにはもっぱら，天然産の成熟雌クルマエビを用いこれを養成した経験はない．

総合討論

座長　村上　豊（広大・水畜産）

座長　種苗の大量生産ではマダイやクルマエビの実績があるが，なお多くの問題をかかえている．倉田氏からは「職人芸である」と，また茂野氏からは「手づくりの味の域にとどまる」というような批判がでたが，とにかく卵からある大きさまで育てることについて討論してみたい．

(1)　種苗生産にあたって今まで経験的に処理していたことで，基礎的な面からみて問題になる点．

(2)　将来は配合飼料の必要性が強調されていたが，考えようによっては100万の種苗を10か所で育てれば1,000万になる．10万の種苗を育てる事業所を100か所つくれば1,000万になる，それでもなお配合飼料は必要なのか．

(3)　critical periodは，はたしてあるのかないのか．

まず，この三点にしぼって議論してほしい．

田中(克)　種苗生産を今後さらに飛躍的に発展させるためには，生物が本質的に有している変異性の問題に目を向ける必要があるのではないか．倉田氏が話題提供の中で提起された分化と成長の関係（あるいは発育と成長の関係ともいい得る）を種々の環境条件との関連で把握する必要がある．これは共食い現象とも密接に関連する問題で，相対的に成長の進んだ個体や，相対的に発育の進んだ個体など，各々が要求する環境を把握することが重要ではないか．

さらに，いわゆる“critical period”についても環境諸条件との単純な対応をみる以前に，魚自身の発育の過程をまず形態学的にしっかりおさえることが必要と思われる．とくに発育段階の移行前後の形態変化や生理的変化を単一の器官や系だけでなく総合的にとらえる必要がある．

黒木(東大・海洋研)　仔稚魚の飼育が次第に大量化の方向へ進む成り行きを見ると，時間（成長段階）を横軸にとって考えた時の餌の大きさ・魚の大きさ・摂餌密度など空間的な整合及び餌の質・酵素など質的整合に着々と成功しつつあるといった感じを受ける．

環境条件に関しては「親魚のいる条件が結局はよい条件であるらしい」という倉田氏のご意見はボヤケて聞こえるが当を得ていると思う．われわれが環境条件を攻究する場合に，たとえば千葉氏の話にあった溶存酸素量と摂餌との関係にしても，その時点における条件の検討だけでなく，ある現象が生ずるまでの諸条件の積分値（たとえば温度上昇変化だけの総和）とか，微分値（日変化，時間変化の差など）とかを検討する必要があるのではないか．

千葉(東大・農)　環境を微分値または積分値で考えてとらえてみたらどうかという御意見には基本的には賛成だ．ウナギの場合，溶存酸素の自記記録を行ない，酸素が50％以下となる時間とその程度を記録用紙上で，50％によって区画される面積と積算酸素量との差として求め，この面積の大小と翌日の餌付とを対比したことがある．明らかにその面積と摂餌とは正の相関をみることができるが，夜間でも溶存酸素が50%以下とならない場合，すなわち，この面積が0以下の場合でも摂餌不良がおきることがしばしば認められる．これは単一な原因を求めようとすることに無理があるためであろう．同様の手段が他の要因についても求められるべきであるとは思うが，現実にどのようにすべきであると返答できないのは残念だ．ただし，その場合，環境の影響を体内生理の何かを指標としてとらえ，たとえば各種臓器の機能テストをするなどして，環境の適否を判断することができるのではないかと思う．

倉田(南西海区水研)　全く同感．たとえば，いわゆる critical period における大量へい死にしても，餌がないからということだけでは説明できない．それが実際に起こる時点での理化学環境の急変はないのに起こる．結局はそれまでに蓄積された発育の歪みが外部栄養への転換を契機に表面に現われるのだろうと考えられる．そういう意味で，環境要因の作用は時間的要素を考慮しない限り理解が難しい．

座長　観点をかえて原田氏が将来の問題として放流のあり方，放流の理論が研究されてないという意見があった．瀬戸内海でも放流しているがこれが簡単にとられていて，不合理な面がある．そういう意味で資源の面から田中氏に包括的な意見を伺いたい．

田中(昌)(東大・海洋研)　資源の大きな変動（サバやマイワシの数十年にわたっての増減）の基本的原因は稚魚期の生残にあるので，稚魚期の生態の研究は一層強化されなければならない．

古沢氏が述べたように，漁獲の限界を上げることが栽培漁業だとすると，原田氏の指摘するように群集に対する影響は慎重に検討する必要がある．この面でも稚魚の生態の研究が今後ますます要望される．

座長　今日の全体の成り行きとしては，種苗が大量になれば配合飼料をできるだけ早くつくるべきだという意見が多かったようだ．しかし，私は2.5トンのワムシが3か月以内にできるかと問われたとき，何とかしてやってみようという物の考え方をとる．

今日一日のシンポジウムで終わらず，それぞれの問題として持ち帰り検討し，将来何らかのかたちで別のシンポジウムで発展させて欲しい．

岩井(京大・農)　稚魚の摂餌に関しては，各種受容器の発達状態とか，遊泳運動なども考慮すべきであろうし，また，発育に関しては，代謝の問題について討議を深める必要があるだろう．しかし，ここに用意した話題だけでも盛りたくさんで，まだ討議しつくしたとはいえず，言い残したという人が少なくないと思う．足りないところはまたの機会にゆずりたい．最後に，多数の参加者の協力を得て，有意義な討議ができたことに対し深く感謝する．

水産学シリーズ [8]　定価はカバーに表示

稚魚の摂餌と発育

昭和 50 年 4 月 15 日初版発行
平成 9 年 6 月 15 日 5 刷発行

編集　社団法人 日本水産学会
〒108 東京都港区港南 4-5-7
東京水産大学内

発行所　〒160 東京都新宿区三栄町8番
TEL 03 (3359) 7371
FAX 03 (3359) 7375
株式会社 恒星社厚生閣

興英文化社・風林社塚越製本

水産学シリーズ〔8〕

稚魚の摂餌と発育（オンデマンド版）

2007年10月1日　発行

編　集　　社団法人 日本水産学会
〒108-8477　東京都港区港南 4-5-7
東京海洋大学内

発行所　　株式会社 恒星社厚生閣
〒160-0008　東京都新宿区三栄町 8
TEL 03(3359)7371(代)　FAX 03(3359)7375

印刷・製本　　株式会社 デジタルパブリッシングサービス
URL http://www.d-pub.co.jp/

AE128

ISBN978-4-7699-1107-4　Printed in Japan